KB008186

과학으로 세상 읽기

세상을 바꾼 과학 이야기

권기균 지음

종이책

개정판을 펴내며

새로운 정보들을 반영할 수 있어서 감사합니다

책 〈세상을 바꾼 과학 이야기〉가 세상에 나온 지 여러 해가 지났습니다. 그동안 많은 분들로부터 과분하게도 사랑을 듬뿍 받았습니다. 서점의 베스트셀러 자리에도 꽤 오래 놓여있었고, 여기저기서 강연 요청도 들어와 보람이 있었습니다.

특히 이 책이 '문화관광부의 우수 교양도서', 국립도서관 사서들 선정 '우수도서'와 '휴가철에 읽기 좋은 책 100선'에 든 것은 제게 '소소하지만 확실한 행복'이었습니다. 또 수도권 어느 대학의 '대학생 독후감 대회 지정 도서 목록'의 과학 분야 도서 2권 중 하나로 들어 있는 것을 나중에 인터넷에서 보고는 홀로 뿌듯해한 적도 있었습니다. 2021년에는 서울대 다양성위원회의 '2021 다양성 도서'에 선정되기도 했습니다. 모두 여러분들이 사랑해주신 덕분입니다.

하지만 책장을 넘기다 오자가 눈에 띄면 가슴이 철렁하기도 했습니다. 과학적으로 새로운 사실들이 밝혀져 내용을 수정해야 할 것들도 생겼습니다.

특히 인류의 조상에 관해서 2012년부터 새로운 사실들이 많이 밝혀졌습니다. '사헬란트로푸스 차덴시스'의 등장 연대는 6백만 년 전에서 7백만 년 전으로 바뀌었습니다. 또 '데니소바인'을 비롯해 '붉은 사슴동굴인' 같은 새로운 인류의 조상들도 발견되었습니다. '호빗'이라는 별명을 가진 '호모 플로레시엔시스'의 멸종 시기는 1만여 년 전인 것으로 알고 있었으나, 최근 스미스소니언 자료에서는 약 5만 년 전에 멸종한 것으로 밝혀졌다고 합니다. 그런가 하면 공룡의 멸종 연대도 '6천5백만 년 전'이 '6천6백만 년 전'으로 바뀌었습니다.

개정판을 펴내며

'4차 산업혁명의 도래' 같은 사회적 패러다임의 변화와 3D 프린팅, 로봇, 인공지능의 발전도 어느새 우리 곁으로 깊숙이 들어와 있습니다. 교육의 패러다임도 많이 바뀌었습니다.

2021년 들어와 민간 기업의 우주 개발 경쟁이 가속되었습니다. 2021년 7월에는 블루 오리진의 '뉴 셰퍼드' 가 지구와 우주의 경계인 카르만 라인을 돌파해 무중력 상태에 돌입한 후 지구로 귀환했습니다. 드디어 민간 우주 관광 시대가 열린 것입니다. 대중의 관심을 완전히 장악한 이런 뉴스를 그냥 지나칠 수 없어서 다시 개정판을 내기에 이르렀습니다.

이번에 개정판을 내면서, 새로운 정보들을 조금 더 반영할 수 있어서 감사할 따름입니다. 그동안 제 책을 아껴주신 독자 여러분, 출판사 대표님과 직원들께도 다시 한번 감사의 말씀을 드립니다. 행복하세요!

2021년 8월 장승배기에서

개정판을 펴내며

새로운 눈으로 세상을 보는 데 도움이 되었으면 좋겠습니다

"이제 넘버원(Number 1)이 아니라 온리원(Only 1)이 되겠다!"

모 통신사의 광고 카피가 시대정신을 잘 말해줍니다.

세상은 창의적 인재를 원합니다. 과학적 소양은 일상의 문제들에 대해 질문하고, 궁리해서 해결책을 제시하는 능력입니다.

창의력의 첫 단계는 관찰입니다. 잘 들여다봐야 합니다. 사랑에 빠진 사람들처럼 하나를 들여다보고 또 들여다봅니다. 무엇을 관찰해도 좋습니다. 그러나 한 가지에 몰입해야 합니다. 그러면 관점이 생깁니다. 그때부터 모든 것이 새롭게 보이기 시작합니다. 진정한 발견은 전혀 새로운 것을 찾아내는 것이 아니라 새로운 눈으로 보는 것이기 때문입니다.

"사랑하면 알게 되고, 알면 보이나니, 그때에 보이는 것은 전과 같지 않으리라."

실학자 유한준 선생의 이 말 속에 창의의 핵심 과정이 모두 담겨 있습니다.

작년 한 해 〈중앙선데이〉에 매주 '권기균의 과학과 문화' 칼럼을 썼습니다. 숱한 밤 사무실에서 새벽을 맞으며 최선을 다했습니다. 칼럼 담당 안성규 부국장께서 보내준 메일이 너무 좋았습니다. "고통을 이해합니다. 저희들 늘 그렇게 생활합니다. 기사 된다고 생각했다가 지우고, 지우고 또 지우고. 고통의 축제에 동참하시게 된 것, '악의'를 담아 환영합니다."

글을 쓴다는 것. 정말 고통의 축제입니다. 읽고 또 읽고 또 읽다가 쓰고 또 쓰고 또 쓰고….

그동안 많은 분들을 만났습니다. 미국 로켓의 아버지 고다드, 최초의 우주인 유리 가가린, 20세기 파우스트 폰 브라운, 소아마비를 이겨낸 레이 유리와 윌마 루돌프, 나일론을 개발한 캐러더스, 케네디 대통령과 알렉산더 대왕까지.

쓰는 동안 보람을 많이 느꼈습니다. 이순신 장군의 거북선에 돛이 있었는지 확인하기 위해 〈난중일기〉를 다 읽었습니다. 나비박사 석주명 선생에 대해 우리가 너무 모른다는 것도 알았습니다. 서울의 5대 궁궐도 다시 보았습니다. 실학자 정약용 선생의 아언각비까지.

〈세상을 바꾼 과학이야기〉는 〈중앙선데이〉에 연재했던 '권기균의 과학과 문화' 칼럼 37편과 발표하지 않았던 칼럼 몇 편을 모아 다시 엮었습니다. 1991년 〈도요다 시스템〉 이후 20년 만에 내는 두 번째 책입니다.

"… 올해는 책을 한 권 쓰고 싶습니다. 늘 책을 베개 삼아 주무시던 아버지 덕택에 저도 책 읽기를 좋아합니다. 역사책도 좋아하고, 과학책도 좋아하고, 미술에 관한 책도 모두 좋아합니다. 그래서 박물관도 좋아하고, 과학관도 좋아하고, 미술관도 좋아합니다. 이런 좋아하는 것들을 담아서 책을 한번 쓰고 싶습니다. 정치인들이 흔히 쓰는 자서전 같은 것 말고, 소박하지만 세상에 보탬이 되는 책을 쓰고 싶습니다. 기왕이면, 생각을 가다듬어 읽을 만한 그런 책을 쓰고 싶습니다.…"

작년 초 저를 아껴주시는 분들께 드렸던 인사입니다. 이 기도를 들어주신 하나님께 감사와 영광을 드립니다. 어머님과 가족들도 고생이 많았습니다. 감사드립니다.

책으로 나올 때까지 도움 주신 분들이 많습니다. 칼럼을 쓰게 지면을 주고, 제 글에서 모자란 2%를 채워주신 〈중앙선데이〉 김종혁 국장님과 안성규 부국장님께 다시 한번 감사드립니다. 글을 쓸 때마다 초고를 읽고 글의 느낌을 얘기해준 사단법인 '과학관과 문화' 김명기 국장님과 피여경 실장, 자료 찾기를 도와준 임선희 부장, 오은희 부장, 직원들께도 감사할 따름입니다.

〈세상을 바꾼 과학이야기〉가 조금이나마 세상을 바꾸는 데 도움이 되었으면 좋겠습니다. 감사합니다.

2012년 1월 노량진에서 권기균

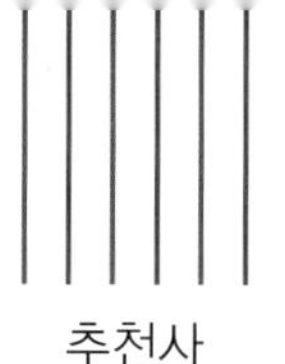

추천사

권기균 박사의 글을 〈중앙선데이〉에 과학 칼럼으로 연재한다는 것을 알았을 때 처음 든 생각은 '아, 힘들어지겠구나'였습니다. 그런데, 논조의 반전입니다만 그렇지 않았습니다. 글과 과학에 대한 그의 열정은 압도적이었습니다. 진정한 과학 글쟁이란 믿음이 생겼습니다.

주 1회, 2천4백 자 분량의 글 하나에 일주일을 홀랑 사르는 것 같았습니다. 원고를 메일로 받는 시간이 기가 막혔습니다. 목요일 저녁쯤엔 제 손에 들어와야 했는데 토요일 새벽 두 시, 세 시, 다섯 시까지도 보냈습니다. 밤을 새워 쓴다는 것. 글을 써본 사람은 압니다. 한 단어, 한 문장을 쓰고, 쌓인 문장을 돌아보며 이 명사와 형용사, 동사가 왜 이곳에 있어야 하는지, 저 정보가 괜찮은 건지 끝없이 생각합니다. 압축하고 뜯어 고칩니다. 마감시간 때문에 혹은 지쳐서 더 이상 생각이 나가지 않을 때, 가장 찜찜한 상태에서 할 수 없이 원고를 보냅니다. 그러나 고민과 고통은 늘 100% 좋은 결과를 가져다준다는 걸 기자생활, 글쟁이를 30년 넘게 한 저는 압니다.

그는 서적을 몇 권씩 사서 밤을 새워 읽고, 정교하게 정보와 글을 맞춥니다. 그런 그의 글에서 선수끼리 보면 아는 민감함과 미묘함이 느껴집니다. 정보의 홍수 시대, 인터넷류의 지식과는 차원이 다른 과학적 통찰력을 담았습니다.

이 책에 나온 하나하나 주제들의 모델이 된 스미스소니언박물관 같은 것이 하나는 있어야 제대로 된 나라라는 그의 과학적 비전에 동참합니다. 권 박사의 훌륭한 비전을 담았던 '과학과 문화'가 책으로 다시 편찬된다니 기쁩니다. 이 책이 또 다른 독자를 많이 맞이해 생각 깊은 과학인인 그의 비전을 크게 확산할 수 있는 도구가 되기를 기대합니다.

안성규 (전 중앙일보 중앙선데이 부국장)

추천사

나비박사 석주명은 논문 한 줄을 쓰려고 나비 3만 마리를 만졌다고 한다. 권기균 박사는 원고 한 줄을 쓰려고 며칠 밤을 지새우고 자료를 찾아다니며 읽고 또 읽고 생각한다. 대중에게 과학기술을 알리기 위한 그의 직함은 매우 다양하다. 공학박사, 국가과학기술자문회의 전문위원, 한국과학창의재단 이사, 미국 국립스미스소니언연구소 객원연구원, 과학앰버서더, 생활과학교실 강사, WISE 연구원 등등.

이제 그에게 또 하나의 직함이 생겼다, 과학저술가! 권기균 박사는 이 시대의 실력 있는 과학커뮤니케이터다. 대중의 과학 이해와 과학문화 확산에 큰 역할을 하고 있다.

그는 미국의 스미스소니언 자연사박물관과 같은 제대로 된 박물관과 과학관이 이제는 우리나라에도 있어야 하지 않겠느냐고 늘 입버릇처럼 말한다. 여러 곳에 글을 쓰고 강연을 다니며 동분서주하는 것도 그런 꿈을 이루기 위한 과정이다.

그의 열정과 집념이 제대로 된 국립 우주항공박물관을 만들 것을 확신한다. 그곳에서 즐겁게 놀면서 우주항공 관련 과학기술을 배우는 아이들을 상상하면 우리의 밝은 미래가 떠오른다. 권기균 박사의 꿈이 이루어지기를 기원한다.

조경숙 (이화여자대학교 교수)

저자는 공학박사이면서도 인문학, 역사학 등 다방면에 해박하다. 그의 글은 딱딱하지 않고 부드럽다. 과학을 얘기하면서도 흥미를 유발한다. 전공이나 학력에 상관없이 읽을 수 있고 쉽게 이해할 수 있다. 또한 시의적절한 내용도 많다. 많은 젊은이들이 이 책을 읽고 과학에 대한 새로운 인식을 갖게 되기를 기대한다.

박찬모 (포항공대 명예교수, 전 총장)

21세기는 과학과 인문학의 지식 융합 시대이다. 창의적인 발상이 요구된다. 이런 융합 시대를 위해 좋은 교양서적이 필요하다. 권기균 박사의 이 책이 바로 그런 책이다. 재미도 있다.

저자는 인문학과 과학분야에 폭 넓은 지식을 가지고 있다. 과학문화 활동에도 열정적이다. 이 책의 부제처럼 과학으로 세상 보는 눈을 밝혀주는 것도 그이기에 가능한 것이다. 이 책은 세상을 바꾼 과학자들의 열정과 삶을 스토리텔링으로 엮었다. 청소년부터 성인들까지 꼭 읽어야 할 교양서적이라고 생각한다.

최정훈 (한양대학교 화학과 교수, 청소년과학기술진흥센터장)

권기균 박사는 과학 커뮤니케이션계의 이야기꾼입니다. 그가 〈중앙선데이〉에 흥미진진한 과학이야기들을 칼럼으로 연재할 때 재밌게 읽었습니다. 그 칼럼들이 책 〈세상을 바꾼 과학 이야기〉로 나온다니 기대가 큽니다.

이 책은 과학자들의 위대한 발견과 발명에 얽힌 창조의 고뇌와 희열을 재미있게 풀어냅니다. 또 인류의 삶을 변화시킨 과학기술의 위대한 발견과 그들의 발견을 인류를 위해 거저 내준 숭고한 과학자 정신이 큰 감동으로 전달됩니다. 천재 과학자들을 우리 친구로 만들어주고 세상의 모든 것이 과학임을 보여준 이 재미난 책은 우리 앞에 많은 도전거리도 제공합니다. 세상을 바꾼 과학을 에피소드로 풀어낸 이 책이 청소년들의 도전과 창조의욕을 고취하는 계기가 되기를 바라며 큰 응원을 보냅니다.

이혜숙 (이화여자대학교 석좌교수)

차례

1 인류 발전에 기여한 위대한 발명

2 세상을 뒤흔든 천재 과학자

3 우주는 넓고 도전할 것은 많다

4 우리 곁에 있는 과학

5 과학으로 세상 읽기

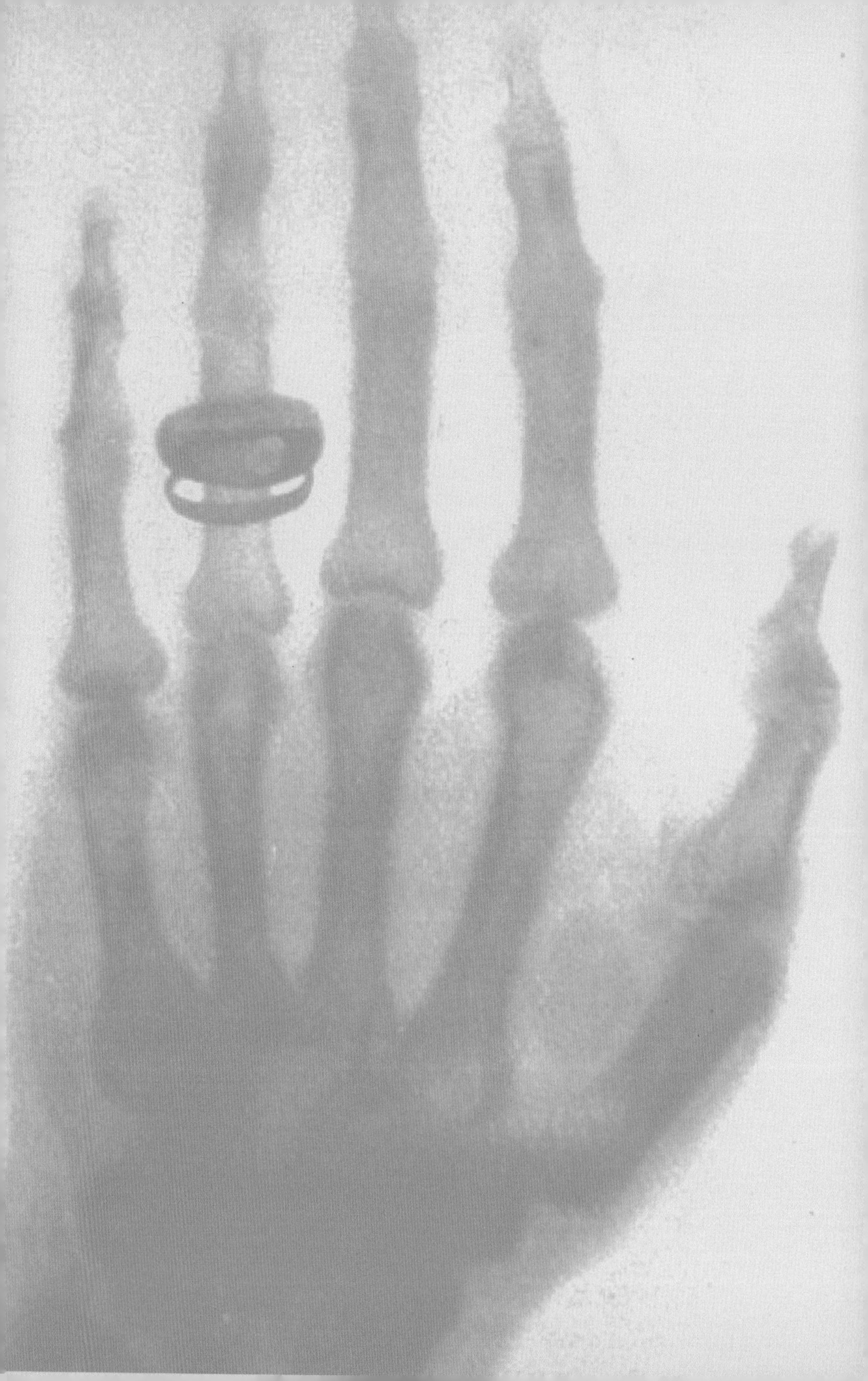

1

인류 발전에 기여한 위대한 발명

발명은 진화한다

"발명될 수 있는 모든 것은 이미 다 발명되었습니다." 1899년 미국의 특허국장 찰스 듀얼이 당시 대통령 윌리엄 맥킨리에게 보고했다고 알려진 말이다. 마이크로소프트의 빌 게이츠 회장도 1995년 자신의 책 〈미래로 가는 길〉에서 이 일화를 인용했다.

그러나 1989년 제너럴 일렉트릭(GE)의 사서 새뮤얼 새스가 찰스 듀얼의 1902년 발언록을 찾아냄으로써 그 말은 와전된 것으로 밝혀졌다. 발언록에서 듀얼은 "우리가 지금 세기에 목격하고 있는 것에 비하면 과거의 여러 발견들은 매우 시시한 것으로 밝혀질 것입니다."라고 말했다. 오히려 그는 과거에 비해 엄청난 발견과 변화가 일어나고 있다고 말을 한 것이다.

찰스 듀얼은 1899년 제56차 미 의회에 올린 보고서에서도 발명의 중요성을 강조하며 "국가의 진보와 번영을 위해서는 과학·산업·상업을 확대해야 한다.

그러려면 발명에 더 강력한 지원이 필요하다."고 했다. 그런데도 시대의 흐름에 역행한 사람으로 100년 이상 놀림감이 되었으니, 그가 살아있었다면 무척 억울했을 것이다.

과학은 상상력의 한계를 넘어 변화를 만들어낸다

빌 게이츠는 〈미래로 가는 길〉에서 정보고속도로가 활성화되면 집에서 원하는 정보를 얻고 인터넷으로 광고와 쇼핑이 가능한 시대가 온다고 했다. 인터넷으로 사진과 문자, 영상을 실시간 감상할 수 있고, 이메일로 소통할 것이라고도 했다. 지금 보면 너무 당연한 일들이지만, 1995년 당시만 해도 믿기지 않을 정도로 꿈같은 내용이었다. 하지만 지난 20여 년 동안의 변화는 이보다 훨씬 예상을 뛰어넘었다.

서기 2000년 이전으로 돌아가보자. 'IMT 2000'이 개발되면 휴대폰으로 영상 통화가 가능하다는 얘기에 사람들은 정말 그것이 가능할까 의심하며 믿지 않았다. 2007년 스티브 잡스가 아이폰을 처음 소개했을 때 사람들은 감탄해마지않으면서도 앞으로 더이상 새로운 개념의 발명품이 뭐가 있을까 싶었다. 그러나 그보다 더 엄청난 변화가 폭발적으로 일어나고 있다. 몇 가지만 예를 들어보자.

사례 1. 무선통신 환경이 바뀌었다. 2007년의 무선통신 서비스는 3G였으나 2010년 LTE가 등장했고, 지금은 4G LTE보다 속도 20배, 데이터의 양 20배인 5G시대로 들어섰다. 2GB 영화 한 편 다운받는 데 4G에서는 3분 38초 걸렸는데, 5G에서는 13초면 끝난다.

사례 2. 스마트폰으로 SNS의 '초연결 세상'이 되었다. 카카오톡, 네이버 밴드나 위챗, 페이스북, 트위터 같은 SNS가 세상의 모든 것을 연결해준다. 미국 대통령 트럼프는 정치도 트위터로 한다. 동창회, 가족 모임은 물론 학교의 수업 과제나 공지 사항도 다 카톡으로 한다.

사례 3. 모든 서비스가 휴대폰 앱을 통해서 이루어진다. 택시도 앱으로 부른다. 기차, 비행기는 물론, 호텔 예약도 공연 예약도 모두 앱으로 한다. 쇼핑은 물론, 금융거래, 축의금 전달까지 다 앱으로 한다. 택시비도 편의점 결제도 다 앱으로 낸다.

사례 4. 스마트폰의 저장 용량도 512GB까지 늘었다. 웬만한 노트북보다 더 크다. 삼성 스마트폰의 인공지능 '빅스비'는 내 음성을 알아듣고 내 명령을 실행한다. 검색이면 검색, 통화면 통화, 알람까지. 스마트폰은 이미 내 손 안의 컴퓨터이자 비서를 넘어 분신처럼 되어버렸다.

쇠고기·돼지고기도 분자식으로 조립해 먹는다

이제 컴퓨터에서 문서나 소프트웨어를 다운받는 것을 신기하게 여기는 사람은 거의 없다. 사실은 참 신기한 일인데도 말이다. 생각해보자. 에릭 드렉슬러는 〈창조의 엔진〉에서 나노 공학의 발달로 원자나 분자를 조립하는 기계(어셈블러)를 예언했다. 쇠고기나 돼지고기의 분자식을 분석한 후 질소·탄소·산소를 다시 조립해 고기를 만들어 먹는다. 이것을 버텀업(Bottom up) 방식 나노기술이라고 한다. 어떤 과학자들은 이것을 '21세기 연금술'이라고도 부른다.

과학자들은 탄소원자를 이용해 지금까지 알려졌던 다이아몬드나 흑연과

2015년 로컬 모터스사가 3D 프린터로 출력한 최초의 자동차. 보스턴과학관에 전시되어있다.

는 다른 구조의 풀러렌(Fullerene)을 발견했고 탄소 나노튜브를 합성해냈다. 플러렌과 탄소 나노튜브 때문에 원자 크기의 회로로 정보를 전달하는 양자 컴퓨터가 가능해진다. 또 몸속에 바이러스나 박테리아가 침투한 곳으로 들어가서 병을 치료하는 '나노봇', 즉 나노 로봇과 약을 전달하는 나노 캡슐의 시대를 가능하게 할 것이다. 과학자들은 2029년 또는 2030년이면 나노봇이 등장할 것으로 예측하고 있다.

3D 프린터가 만드는 새로운 세상

과학자들은 앞으로 나노박스를 통해 하드웨어를 다운받는 세상이 올 것으로 전망한다. 예를 들어 새 디자인의 시계를 개발했다면, 그 신제품 시계의 원자구조를 분석해 그것을 프로그램 파일로 저장해두고 필요할 때 파일을 다른 컴퓨터나 웹에서 다운받는다. 그러면 '나노박스'라고 하는 출력 장치가 그 제품의 원자구조를 합성해 프린터가 인쇄물을 출력하듯이 똑같은 시계를 만들어낸다는 것이다.

이미 나노박스의 전 단계인 3D 프린터가 출현했다. 3D 프린팅은 잉크젯 프린터 같은 곳에서 잉크 대신 플라스틱이나 금속가루를 뿜어내는 기술이다. 1983년 3D 시스템즈 창업자 찰스 헐(Charles Hull)이 개발했다. 그는 자외선으로 광 폴리머를 녹여 표면코팅제를 만드는 실험을 하고 있었다. 어느 날 우연히 탱크에 담긴 광 폴리머의 특정 부분만 고체화되는 현상을 발견하고는 3차원으로 물체를 만드는 기술의 가능성을 깨달았다. 그는 연구를 계속해서 마침내 자외선 레이저 빔 제어장치를 개발했다. 이것이 3D 프린팅의 시작이다.

2015년 미국의 로컬 모터스(Local Motors)는 3D 프린터로 전기자동차 생산에 성공했다. 3D 프린팅은 자동차 부품의 수를 획기적으로 줄여준다. 현재 자동차의 부품 수는 2만 개가 넘는다. 그러나 3D 프린터로 만드는 전기자동차는 부품 수가 40여 개로 충분하다고 한다.

2014년에는 우주에서 처음으로 3D 프린터를 이용해 우주정거장의 스페어 부품들을 만들었다. 앞으로는 우주정거장의 부품 중 30%는 3D 프린터로 뽑아서 쓸 계획이다. 달에 짓게 될 사람이 거주할 수 있는 집들도 90% 정도가 3D 프린팅 방식으로 지을 수 있다.

한편 2011년 11월 독일 하노버의 국제 생명공학 전시회에서 3D 프린터로 만

희생 없는 가죽(Victimless Leather)을 배양하는 랩. 가운데 시험관 안에 미니어처 가죽 재킷이 있다.

든 인공혈관도 등장했다. 실제 혈관처럼 탄력을 가진 인공혈관을 3D프린터로 출력한 것이다. 앞으로는 세포를 뽑어내 뼈도 만들고, 피부와 근육을 만드는 것도 가능할 것이다.

'희생 없는 가죽(Victimless Leather)'이라는 개념도 나왔다. 굳이 살아있는 동물을 죽여서 가죽을 얻지 말고 아예 실험실에서 조직을 가죽처럼 배양해 그것으로 재킷을 만드는 것? 그게 아니다. 실험실에서 바느질 없이 미니어처 가죽 재킷을 만들고, 그 자체를 배양해 그냥 입겠다는 것이다. 발상이 놀랍다.

쥘 베른은 1863년에 〈20세기 파리〉라는 소설을 썼다. 그런데 출판사 사장이 그 소설에 등장하는 발명품들이 도저히 믿을 수 없는 것들이라며 출판을 거부했다. 그중 하나가 '자기력으로 가는 고속열차', 즉 자기부상열차다. 결국 이 원고는 쥘 베른의 금고에 보관되어있다가 1889년 그의 증손자가 발견해 1994년 출간되었다. 물론 베스트셀러가 됐다. 하늘을 나는 자동차, 하늘을 나는 잠수함은 이미 오래전 꿈꿨던 아이템들이다. 더 획기적으로 상상하라. 상상만 하면 모두 다 현실이 되는 세상을 우리는 살고 있다.

1863년에 집필했다가, 131년 후인 1994년 출간된 쥘 베른의 미래 소설 〈20세기 파리〉 표지

기적의 섬유 나일론

옷이 날개다. 좋은 옷은 옷감이 좋아야 한다. 좋은 옷감은 좋은 옷을 넘어 새로운 문명과 문화의 큰 바람을 일으키기도 한다. 비단, 면, 나일론이 그 예다. 비단은 실크로드, 면은 산업혁명, 나일론(Nylon)은 20세기 합성섬유의 시대를 열었다.

합성섬유의 대표 주자는 나일론, 아크릴, 폴리에스테르다. 그중 큰형이 나일론이다. 나일론은 섬유 이름이지만, 보통 폴리아미드계 수지를 '나일론'이라고 부른다.

실험실서 장난하다 발견

나일론을 발명한 사람은 월러스 캐러더스다. 1896년 4월 27일 태어나 1937년

4월 28일 세상을 떴다. 공교롭게도 생일 바로 다음날이었다. 그는 대학시절 학생 신분으로 후배들을 가르치는 강사가 될 정도로 천재였다.

캐러더스는 하버드대학의 전임강사로 있다가 두 배의 월급과 전폭적인 지원을 약속받고 듀폰으로 옮겼다. 듀폰에서 그는 자동차 타이어용 네오프렌을 개발하고, 1935년에 나일론을 개발했다. 둘 다 노벨상 감이었다. 1930년대 초 듀폰은 대공황의 위기 속에서 신제품 개발만이 대공황을 이기는 방법이라고 믿었다. 그래서 공격적인 경영 전략을 취했다. 캐러더스 밑의 연구원만 230명이고, 연구비가 2000만 달러를 넘어섰다. 그 결과가 나일론의 발명이었다.

모든 발명에는 우연인 것 같은 사건이 생긴다. 이것을 세렌디피티(Serendipity)라고 한다. 몰입하다가 우연히 큰 발견을 하는 것을 말한다. 3M의 대명사처럼 된 '포스트 잇'도 그런 경우다.

보관 용기에 구멍이 생겨 새어나온 니트로글리세린이 규조토와 섞인 것을 보고 다이너마이트 제조법을 발견한 노벨도 마찬가지다. 또 일본의 시라카와 히데키도 자기 밑에 있던 한국인 유학생이 밀리몰 단위를 몰 단위로 잘못 읽어서 촉매제의 양을 1천 배나 잘못 넣는 바람에 '전기가 통하는 플라스틱'을 발견해 2000년 노벨화학상을 받았다.

나일론을 발명한 월러스 캐러더스. 그는 대학생 신분으로 후배들을 가르치는 강사가 될 정도로 천재였다.

나일론의 발명에도 이런 '우연한 그러나 준비된 행운'이 찾아왔다. 같은 연구소의 줄리언 힐이 폴리에스테르를 유리막대기에 묻혀 장난삼아 방안을 돌아다녔는데, 이게 실처럼 길게 늘어났다. 캐러더스가 이 말을 듣고 녹는점이 높은 폴리아미드로 같은 실험을 해보았더니 이 역시 실처럼 길게 늘어났다. 이게 나일론이다.

440년 역사의 돼지털 칫솔을 몰아내다

나일론으로 만든 첫 제품은 칫솔이었다. 1938년 2월 24일 듀폰은 나일론 칫솔을 처음 시판했다. 전에는 칫솔을 돼지털로 만들었다. 돼지털은 칫솔에서 빠져 툭하면 이 사이에 끼었지만, 나일론 칫솔은 단단히 박혀 그렇지 않았다. 빨리 말라서 세균 번식도 막았다. 듀폰은 나일론 칫솔을 '웨스트 박사의 기적의 칫솔'이라고 선전했다. 돼지털 칫솔 440년의 역사가 바뀌었다.

1938년 10월 27일 듀폰은 "강철보다 강하고 거미줄보다 가늘다. 석탄과 공

나일론 스타킹은 뉴욕에서 발매된 지 몇 시간 만에 400만 켤레가 팔릴 정도로 인기였다. 오른쪽 사진은 나일론 스타킹 광고.

기와 물로 만들었는데 탄성과 광택이 비단보다 더 우수하다"며 나일론 섬유를 공개했다. 1939년 뉴욕 세계박람회와 샌프란시스코 금문교 박람회에 나일론 제품이 선보였다.

그리고 1940년 5월 15일 뉴욕에서 나일론 스타킹이 발매돼 불과 몇 시간 만에 400만 켤레가 팔렸다. 당시 실크스타킹은 한 켤레에 59센트, 나일론 스타킹은 1달러 25센트로 가격이 두 배가 넘었는데도 한 해에 3600만 켤레나 팔렸다.

나일론(nylon)의 이름은 처음에는 '올이 풀리지 않는다'는 뜻의 '노런(no run)'이었다. 그러나 야구에서 '점수를 못 낸다'는 뜻도 있어 'norun'을 거꾸로 'nuron'으로 표기했다. 이것은 'neuron(신경 단위인 뉴런)'과 발음이 같아서 가운데 'r'을 'l'로 바꿔 'nulon'으로 했다가, 발음이 어려워 'nilon'으로 바꿨다. 하지만 영국식으로는 다르게 읽을까봐 'nylon'으로 정했다.

1940년 듀폰의 존 에클베리는 "나일(nyl)은 임의로 붙였고, 코튼(cotton)이나 레이온(Rayon)처럼 섬유 이름의 끝에서 어미 '온'(-on)을 따서 만들었다"고 설명했다. 그러나 '올이 풀리면 클레임이 발생할까봐' New York의 머리글자 'NY'와 LONDON의 앞부분 'LON'을 합쳐서 'NYLON'으로 했다는 해석도 있다.

그런데 캐러더스의 운명이 기구하다. 듀폰은 잘 나갔지만, 본인은 상사와의 갈등으로 우울증에 시달렸다. 그러다 자기의 발명품이 최고 인기상품이 되는 것을 못 보고 스스로 목숨을 끊었다. 41세였다.

어쨌든 나일론은 의복뿐 아니라 낙하산, 로프, 텐트, 절연제와 기계류의 부속에까지 사용돼 '기적의 섬유'로 칭송을 받았다.

나일론을 능가하는 신소재 섬유

나일론을 능가하는 신소재 섬유의 개발은 끝이 없다. 가장 성공적인 예가 고어텍스다. 고어텍스는 미국 고어사에서 만든 '숨 쉬는 방수 섬유'다. 윌버트 고어와 그의 아들 로버트 고어, 로웨나 테일러가 개발한 것으로 미소섬유로 연결된 다공질 테플론이다. 그리고 1980년 로버트 고어와 로웨나 테일러, 새뮤얼 앨런이 '방수 라미네이트'로 또 특허를 받았다.

이 발명으로 로버트 고어는 2006년 미국 발명자 명예의 전당에 올랐다. 고어텍스는 방수기능이 있으면서 운동할 때 땀 때문에 생기는 수증기는 밖으로 배출한다. 그래서 방수가 필요한 등산복과 등산화 등에 널리 쓰인다.

고어텍스 소재인 테플론은 1938년 4월 6일 로이 플런켓이 발견했다. 그는 듀폰의 잭슨연구소에서 새로운 냉매 프레온을 개발하다가 내압실린더에 드라이아이스로 냉각해둔 기체 상태의 테트라불화에틸렌(Tetrafluoroethylene)이 흰 분말로 바뀐 것을 발견했다. 이것이 테플론이다. 우연한 발견. 테플론의 발견도 나일론의 경우와 마찬가지로 세렌디피티가 작용했다.

나일론 이후 가장 성공적인 신소재 섬유로 평가받고 있는 고어텍스.

테플론은 거의 모든 물질이 달라붙지 않는다. 영하 270도에서도 사용이 가능하다. 내열성과 내화학성도 탁월해 1944년 특허를 받았다. 제2차 세계대전 동안에는 맨해튼 프로젝트에서 배관 장비에 먼저 사용되었다. 전쟁이 끝난 후 테플론은 음식이 눌어붙지 않는 프라이팬과 우주복 개발에도 활용됐다. 앞에서 언급한 아웃도어 고어텍스도 테플론 관련 제품이다.

고어텍스는 특허 때문에 원단 공급이 독점적이었다. 현재는 특허 기간이 만료되었다. 그래서 요즘은 고어텍스보다 20~30% 정도 빠르게 땀을 배출하고 무게는 10% 가벼운 소재도 나오고 있다.

최근에는 구겨지지 않는 형상기억 섬유, 태양광에 노출되면 저절로 더러움과 냄새가 없어지는 섬유도 등장했다. 새로운 기능의 신소재 옷감도 끊임없이 이어지는 과학의 영역이다.

지식 더하기

과학 솔루션에 기반 둔 회사로 거듭난 듀폰

듀폰은 70년 역사의 효자상품 나일론의 섬유 부문을 2004년 코흐 인더스트리라는 회사에 매각했다. 그리고 지금은 인조 대리석에서 방탄조끼 소재, 건축 단열재, 수영장 살균제, 제초제에 이르기까지 무려 1800백여 개의 제품을 생산한다. 놀라운 것은 전체 매출 294억 달러(약 32조 원)의 36%를 출시된 지 5년 이하의 신제품에서 벌어들인다는 점이다. 1802년에 설립되어 210년여의 역사를 가진 기업 듀폰. 처음에는 화약회사로 출범, 118년 후인 1920년부터 화학과 에너지 회사로, 지금은 과학 솔루션에 기반을 둔 회사로 거듭나고 있다.

인류의 100대 발명품, 지퍼

발명(Invention)이라는 단어의 어원은 '찾아내다(to find)', '생각해내다(to come upon)'는 뜻의 라틴어 'Inventio'다. 그러나 발명은 발견(Discovery)과는 다르다. 발견은 이미 존재하는 어떤 것을 밝혀내는 것이다. 그러나 발명은 전에 존재하지 않았던 새로운 것을 창조하는 것이다.

리멜슨 발명센터의 체험실 '스파크 랩'.

리멜슨 발명센터의 체험실 '스파크 랩(Spark Lab)'에서는 과학기술 분야의 발명을 창조적 아이디어에서 성공적 마케팅까지의 과정으로 정의하면서 크게 7단계로 나눈다. 첫째는 생각하기(Think it). 문제나 필요성을 깨닫고 확인한다. 둘째는 탐구하기(Explore it). 연구하고 궁리한다. 셋째는 스케치하기(Sketch it). 연구로 찾아낸 아이디어나 해결 방안을 도면으로 그려본다. 넷째는 모델 만들기(Create it). 도면을 바탕으로 실제 발명품이나 모델을 제작한다. 다섯째는 테스트하기(Try it). 발명품이나 모델을 시험해 제대로 기능을 하거나 오작동은 없는지, 문제가 해결되는지 확인한다. 여섯째는 세련되게 다듬고 미조정하기(Tweak it). 디자인도 세련되게 다듬고, 기능도 정교하게 조정한다. 마지막으로 상품화(Sell it)다. 이때는 마케팅까지 고려해야 한다.

발명품의 역사에서 이런 과정들을 잘 보여주는 제품 중 하나가 '지퍼'다. 인류의 100대 발명품에 당당히 자리 잡고 있는 지퍼는 사람들이 입는 거의 모든 옷과 가방, 포장에 사용된다. 너무 익숙해 간단해 보이지만 발명자의 아이디어에서 요즘처럼 완전한 상품으로 자리 잡는 데까지 80년이 걸렸다.

거구에 비만인 저드슨, 군화 끈 매기 힘들어 발명

지퍼를 처음 발명한 사람은 미국 시카고의 엔지니어 휘트컴 저드슨(1839~1909)이다. 그는 1890년 이 아이디어를 생각해냈다. 그는 군화를 주로 신었는데, 체격이 크고 뚱뚱했기 때문에 몸을 굽혀 군화 끈을 매는 게 영 불편했다. 그래서 군화 끈을 매지 않고 간단하게 신는 방법이 없을까 고민했다. 이게 문제와 필요성을 느끼는 단계다.

발명의 가장 전형적인 과정을 보여주는 지퍼(왼쪽).
엘리어스 호우는 꿈속에서 힌트를 얻어 재봉틀 바늘의 귀를 아래쪽에 맞추었다(오른쪽).

궁리 끝에 그는 해결책을 찾아내 1891년 11월 특허를 신청했다. 그러나 미국 특허국의 특허 시험관 토머스 하트 앤더슨은 특허를 내주지 않았다. 유사한 특허들이 있었기 때문이다. 그래서 개선안을 냈고, 저드슨은 1893년 8월 29일 '신발용 죔쇠 잠금 또는 해제장치'와 'C-curity'라고 이름을 붙인 '고리와 눈(Hooks and Eyes)'에 관한 장치 발명으로 3년 걸려 두 건의 특허를 받았다. 그가 붙인 이름은 '슬라이드 패스너'였다. 이것이 지퍼의 오리지널 버전이다. 특허를 받는 데 3년이 걸렸다. 그의 특허 도면엔 부품도가 10개나 등장한다. 이것이 탐구하기, 스케치하기, 모델 만들기까지의 단계다.

〈특허〉의 저자 벤 아이켄슨의 분석에 따르면, 저드슨 특허엔 오늘날 지퍼의 세 가지 주요 원리가 다 들어있다. 첫째, 고리가 달린 죔쇠는 일정한 각도에서 힘을 받을 때만 맞물린다. 둘째, 죔쇠의 앞쪽 끝에 겹쳐있거나 아래쪽으로 향한 돌출부는 고리가 풀리는 것을 방지한다. 셋째, 고리 앞부분 물림장치는 한 번의 작동으로 죔쇠를 물리거나 풀리게 할 수 있다.

그런데 실은 저드슨보다 40년 앞서 유사한 특허를 받은 사람이 있었다. 재봉틀을 발명한 엘리어스 호우다. 그는 다리를 절고 직업이 없어 아내의 삯바

느질로 생계를 꾸렸는데, 아내의 일을 편하게 해줄 방법이 없을까 고민하다 꿈속에서 답을 찾았다. 재봉기계를 못 만들어 사형장에 끌려가는 꿈을 꾸다 자신을 찌르려는 토인의 창끝이 반짝이는 걸 보고 바늘귀가 아니라 바늘 끝 부분에 실을 꿴다는 아이디어를 얻어 재봉틀을 발명했다.

호우는 1851년 '자동 연속 천 마감장치'로 특허를 받았다. 지퍼 역할을 하는 장치에 대한 특허도 포함됐다. 부품은 달랐지만 지퍼처럼 각각의 천을 하나로 결합시키는 기능을 했다. 그러나 그는 재봉틀 사업화 자금이 없어 전전긍긍하다가 자신의 재봉틀 아이디어를 도둑맞아 돈을 벌지 못했다. 천 물림 장치를 지퍼로 발전시키지도 못했다.

1893년 지퍼구두 내놨지만 찬밥

저드슨은 지퍼구두를 1893년 시카고 박람회에 출품했으나 물건의 모양이 조악해 눈길을 못 끌었다. 이가 맞물리게 엮어주는 죔쇠도 금방 떨어져나가고, 잠금도 금방 풀려 실용적이지 못했다. 그래서 회사를 차려 사업을 하며 지퍼 기능을 두 번 더 개선했지만 성공을 거두지 못하고 1909년 사망했다. 세련된 디자인과 미조정의 단계가 중요함을 일러주는 부분이다.

지퍼는 초기엔 대부분 부츠와 담배 케이스에 사용됐다. 그러다가 1912년 쿤 모스라는 재단사가 양복주머니에 지퍼를 활용하면서 옷에 본격 사용됐다. 1913년에는 스웨덴 출신 미국 엔지니어 기드온 선드백이 저드슨의 문제를 해결했다. 제품명은 '플라코 패스너'였다. 제1차 세계대전 때는 지퍼가 미군의 비행복과 지갑벨트에 사용되었다.

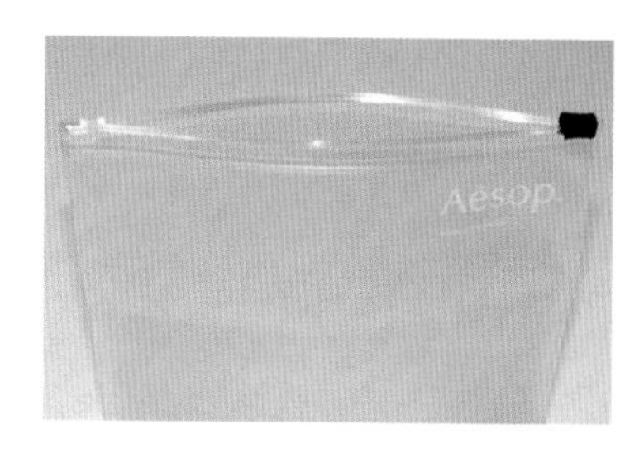

지퍼의 원리를 활용해 발명한 비닐 지퍼백.

굿리치가 '지퍼부츠'로 상표 등록하면서 '지퍼' 이름 탄생

'지퍼'라는 이름은 세계적인 고무제품 회사 굿리치가 1920년대 고무장화와 고무덧신에 지퍼를 사용하면서 탄생되었다. 1925년 굿리치는 지퍼를 올릴 때 나는 소리가 '지퍼 업(Zipper up)'처럼 들린다고 장화 이름을 '지퍼부츠'로 상표 등록을 출원했다. 그러나 상표권은 지퍼부츠로만 한정되고, '지퍼'라는 이름은 보통명사처럼 쓰이게 됐다.

최초로 재봉틀을 발명한 호우나 지퍼를 발명한 저드슨은 좋은 제품을 발명하고도 사업적 성공을 거두지 못했다. 그러나 뒤를 이은 발명의 결과로 오늘날과 같은 지퍼가 완성되었고, 지퍼로 인해 인류의 삶이 편리해졌다.

지퍼에 대한 연구는 더욱 발전되었다. 한쪽에서부터만 열기 시작하는 불편을 덜기 위해 최근에는 슬라이더 두 개를 서로 마주 보게 부착한 지퍼도 생겼다. 앞뒤 어느 쪽에서나 열고 닫기가 쉬워졌다. 플라스틱 백이나 포장에도 '지퍼 팩'이 개발되었다.

한 번에 완벽한 발명은 없다. 작은 아이디어로 시작해서 끊임없이 개선한다. 이것이 발명의 정도다. 그렇게 보면 발명품도 진화의 법칙을 따른다. 가장 단순해질 때까지.

근대과학의 역사를 바꾼 뢴트겐의 X선

1895년 11월 8일은 독일의 과학자 뢴트겐(1845~1923)이 X선을 발견한 날이다. 당시 뷔르츠부르크대학의 물리학 연구소장이었던 그는 여러 종류의 진공관에 전하가 방전되면 외부와 어떤 작용을 하는지 실험을 했다. 그중에는 음극선 실험장치인 크룩스관도 있었다.

아내 손 찍은 사진이 최초 X선 사진

뢴트겐은 레나르트가 발견한 음극선 형광 재현 실험을 하면서 크룩스관을 검은 마분지로 싸서 빛이 새어 나오지 못하게 했다. 그리고 실험실 불을 끄고 크룩스관의 전원을 켰다. 그러자 1m 떨어진 곳의 백금시안화바륨을 바른 스크린이 빛을 냈다. 크룩스관에서 나오는 빛이 마분지를 투과해 비친 것이었다. 두꺼운 책도 투과했다.

실험을 계속했다. 그 빛은 나무·고무 등도 모두 통과했다. 1.5mm 두께의 납만 예외였다. 그 빛은 기존에 알려진 음극선이 아니었다. 그는 알 수 없다는 뜻에서 그 빛을 'X선'이라고 이름 지었다. 그러다 보통 광선이 사진 건판에 감광되어 사진이 찍히듯이 이 빛도 건판에 감광될 것이라는 생각이 떠올랐다. 그래서 아내의 손을 사진 건판 사이에 넣고 사진을 찍었다. 사진에서 손가락 뼈와 결혼반지는 선명했고, 뼈 둘레의 근육은 희미했다. 이것이 사람 뼈를 찍은 최초의 X선 사진이다.

1년 만에 논문 1000종, 단행본 50권 출간

뢴트겐은 뷔르츠부르크 물리학회에 논문 '새 종류의 광선에 대하여'를 제출했다. 논문은 1895년 12월 28일 출판됐다. 이 소식은 불과 2주일 만에 전 세계로 퍼졌다.

뢴트겐은 1896년 1월 23일 X선에 대해 발표 겸 강연을 했다. 그 자리에서 스위스의 해부학자이며 장관을 지낸 쾰리커가 자청해 자기 손의 X선 사진을 찍었다. 사람들은 감탄했다. 쾰리커는 이 빛을 뢴트겐선으로 부르자고 제안했다. 처음에는 사람의 뼈를 찍었다는 것에 헛소문과 오해도 많았다. 그러나 이내 X선의 유용성이 입증되기 시작했다. 그 후 1년 만에 X선 관련 논문이 1000종, 단행본이 50권 출판되었다. 1897년에는 뢴트겐협회가 생겼다.

X선은 에너지를 가진 전자가 개체와 충돌할 때 방출되는 빛(전자기파)이다. 에너지를 가진 빛이 금속을 때리면 전자가 튀어나가는 광전효과와는 반

대다. 그 파장은 같은 전자기파에 속하는 전파·적외선·가시광선·자외선보다는 짧고, 감마(γ)선보다 길다. 100분의 1에서 10만분의 1μm. 병원에서 환자를 진단할 때 찍는 X선 촬영은 물론이고, 컴퓨터 단층 촬영(CT)도 X선이 인체를 통과하면서 감소하는 양을 측정해 컴퓨터로 분석, 영상으로 만드는 것이다. 그래서 뢴트겐을 진단방사선학의 아버지라고 한다. 암과 무좀 치료에도 쓰인다. 그 외에도 기계와 재료, 건물의 비파괴 검사나 공항 검색대, 가짜 예술품 감식 등 X선의 용도는 무궁무진하다.

뢴트겐은 1845년 프로이센의 레네프에서 직물 생산 및 판매업자의 외아들로 태어났다. 1861년에서 1863년까지 네덜란드의 위트레흐트 기술학교에 다녔다. 그는 학교 선생의 초상을 불경하게 그린 친구가 누군지 말하기를 거부했다는 이유로 퇴학을 당했다. 그래서 취리히의 연방 기술전문학교에 들어갔고, 1869년 취리히대학에서 박사학위를 받았다. 어릴 때부터 남을 배려하는 그의 성품은 일생 동안 이어졌다.

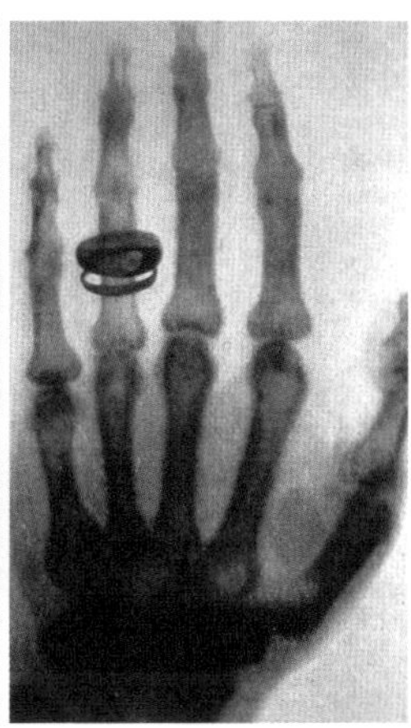

X선을 발견한 독일 과학자 빌헬름 뢴트겐(왼쪽). 아내의 손을 찍은 최초의 X선 사진. 넷째 손가락의 반지 모습도 보인다(오른쪽).

독일 렘샤이트에 위치한 뢴트겐 박물관.

"X선은 인류의 것"이라며 특허출원 제의 거절

1901년 뢴트겐은 제1회 노벨물리학상을 수상했다. 그는 상금을 뷔르츠부르크 대학에 과학 발전과 장학금을 위한 기금으로 기부했다. 또 X선으로 특허를 내자는 독일 재벌의 제안도 거절했다. X선은 자신이 개발한 것이 아니라 원래 있던 것을 발견한 것이므로 모든 인류의 것이라고 했다. 그래서 누구나 자유롭게 X선에 관해 연구를 할 수 있었다. 그 결과 X선 관련 연구로 노벨상을 받은 사람들이 20명이 넘는다.

라우에(1914)는 X선의 회절로 원자의 기본 구조를 밝히고 X선 파장도 측정했다. 브래그 부자(1915)는 X선의 결정구조 연구로, 바클라(1917)는 원소의 특성 X선 발견으로, 밀리컨(1923)은 전자의 전하측정과 광전효과로, 시그반(1924)은 X선 분광기 발견으로, 물리·화학·생리의학 각 분야에서 역할이 무궁무진했다. 보어의 원자구조, DNA의 구조, 헤모글로빈의 입체구조, 펩신과 인슐린의 구조, 광합성 연구 등 거의 모든 분야의 연구에 활용되었다.

방사선, 상대성 이론, 핵분열 발견 등 핵에너지 시대를 열다

20세기 과학에 대한 시대 구분을 할 때 대부분의 과학사가들은 뢴트겐이 X선을 발견한 1895년을 그 기점으로 잡는다. 임경순 교수는 저서 〈현대사회와 과학〉에서 "X선 발견에 자극돼 프랑스의 베크렐은 1896년 우라늄에서 최초로 방사선을 발견했다. 영국의 J. J 톰슨은 1897년 음극선의 전하량과 질량의 비를 측정해서 음극선의 입자성을 발견했고, 그것이 상대성이론 출현의 계기가 됐다. 또 X선의 본성에 대한 논쟁에서 빛이 파동과 입자의 이중성을 가졌다는 인식이 생겼다. 또한 방사선 발견은 핵변환과 핵분열의 발견으로 이어져 핵에너지 시대로 진입하게 됐다."고 주장했다.

독일은 1994년 발견한 111번째 원소 우누누늄(Unununium, Uuu)의 이름을 2004년 11월 1일 뢴트게늄(Rg)으로 바꿨다. 위대한 발견과 위대한 정신의 뢴트겐을 기리기 위해서다. 그는 진정 위대한 정신의 과학자였다.

지식 더하기

유리관 속 공기압을 낮춰 전기가 흐르게 한 크룩스관

진공의 유리관 안에 전압을 걸어주면 서로 떨어진 음극과 양극에 전자들이 흐른다. 이것이 음극선이다. 1892년 헝가리 출신 독일 과학자 레나르트는 음극선이 눈에 보이지는 않지만 형광물질이 칠해진 스크린에 비추면 형광이 발생하는 것을 발견했다. 이때 유리관 속의 공기압이 대기압에 가까우면 전기가 통하지 않는다. 그런데 영국의 과학자 크룩스가 이 유리관 속의 공기압을 대기압의 약 1만분의 1로 낮췄더니 유리관 속에서 전기가 흘렀다. 이 진공관이 '크룩스관'이다.

고대부터 이어진 온도계 탄생의 역사

"어른들은 숫자를 좋아해요…. 그 애 목소리는 어떠니? 그 애는 무슨 놀이를 좋아하니? 절대로 이렇게 묻는 법이 없어요. 그 앤 몇 살이니, 형제는 몇이고? 몸무게는 얼마지? 그 애 아버진 얼마나 버니? 항상 이렇게 물어요. 그래야 어른들은 그 친구를 속속들이 알고 있다고 생각해요…. 아주 아름다운 장밋빛 벽돌집을 보았어요, 창문에 제라늄이 있고, 지붕 위에 비둘기가 있고, 이런 식으로 말하면 어른들은 그 집을 상상하지 못해요. 제가 '십만 프랑짜리 집을 보았어요'라고 말하면, 그때야 비로소 '아, 참 좋은 집이구나, 얼마나 아름다울까' 이렇게 얘기해요."

생텍쥐페리의 〈어린 왕자〉에 나오는 구절이다. 그걸 공감하면서도 과학에선 역시 숫자가 중요하다고 말할 수밖에 없다.

예를 들어 "북극의 얼음이 녹아내린다. 지구온난화 때문이다. 지구 표면 온도가 올라가면 해수면 온도도 올라가서 강수량의 양과 패턴이 바뀌어 기상이변이 속출한다."고 해서는 실감이 안 난다. "2007년 9월 미 항공우주국(NASA)의 기후변화 보고서에 따르면 1950년보다 북극 빙하가 50% 감소했다. 2100년이면 지구 표면 온도가 섭씨 5도 더 상승한다. … 올여름 전남 고흥에선 섭씨38도까지 올라갔다." 이렇게 해야 느낌이 온다. 이렇게 물질이나 현상을 수치화해 기준을 만들고, 공통점을 하나의 법칙으로 묶고, 재현시키는 게 과학의 발전 과정이다.

파렌하이트가 현대식 온도계 개발

물질의 뜨거운 정도를 숫자로 나타내는 온도계의 발전 과정도 그렇다. 기록상 온도의 개념을 이용한 장치를 처음 만든 사람은 BC 300년경 비잔티움의 필로다. 그는 속이 빈 구체와 물이 든 단지를 뒤집은 U자 모양의 튜브로 연결했다. 구체를 햇볕에 두면 속의 공기가 팽창하면서 기포가 튜브 위쪽으로 올라오고, 그늘로 옮기면 공기가 수축하면서 물이 올라오는 장치다.

과학 저술가 빌 옌에 따르면, 그로부터 약 100년 후 현대 파이프오르간의 원조 격인 '물오르간'을 발명하고 '최초의 박물관이자 도서관'인 '알렉산드리아박물관'의 초대 관장 크테시비우스도 온도 이용 장치를 발명했다. 1세기경 알렉산드리아의 발명가 헤로도 물을 끓여 증기압을 이용하는 장치를 발명했다.

이후 1593년 갈릴레오 갈릴레이도 온도 차에 따른 공기의 팽창·수축을 이용해 물의 수위를 조절하는 장치를 만들었다. 이것을 '갈릴레오 온도계'라 부르지만, 뜨거운 것과 차가운 것의 차이만 보여주는 초보 단계여서 학자들은 '온도경(Thermoscope)'이라고 부른다.

눈금 온도계를 처음 만든 사람은 이탈리아의 발명가 산토리오 산토리오다. 그는 1612년 온도경에 8개의 눈금을 만들었다. 최초의 알코올 온도계는 1654년 이탈리아의 마리아니가 만들었다. 그러나 당시 온도계는 눈금을 긋는 것까지는 발전했지만, 문제는 어떤 기준으로 단위를 정하는가였다. 현재 우리가 쓰는 온도 체계는 세 가지다. 화씨온도, 섭씨온도, 그리고 절대온도다.

현대적 개념의 온도계를 처음 만든 사람은 독일의 물리학자 다니엘 가브리엘 파렌하이트다. 그는 1709년 알코올 온도계, 1714년 수은 온도계를 만들었다. 1724년에는 물·얼음·소금의 3중점(물질이 고체·액체·기체의 3상이 평형을 이루어 공존하는 상태)을 0°F로, 사람의 체온을 100°F로 정했다. 얼음이 녹는 온도(32°F)와 물이 끓는 온도(212°F) 사이를 180개의 눈금으로 나누어 파렌하이트 온도 체계를 주창했다. 보통 '화씨(華氏)온도'라고 부르는데, '파렌하이트'를 한자 '화륜해(華倫海)'로 표기한 데서 비롯되었다.

1953년 레이 브래드버리의 과학 소설 〈화씨 451(Fahrenheit 451)〉를 영화화한 1966년 작품.

그는 여러 액체의 끓는점을 계속 조사해서 끓는점이 대기압과 관계가 있고, 냉각 시에 과냉각이 있는 것을 밝혀냈다. 화씨온도는 미국에서 주로 사용하고, 영국과 캐나다는 화씨와 섭씨를 함께 사용한다.

1953년 레이 브래드버리라는 사람이 과학 소설 〈화씨 451(Fahrenheit 451)〉을 썼다. 배경은 책이 금지된 미래의 디스토피아다. 주인공 가이 몬태그는 책을 불태우는 방화수(Fireman)다. 소설의 제목인 화씨 451도(섭씨 233도)는 종이가 불타기 시작하는 온도다. 브래드버리는 이 소설에서 TV에만 매달려서 지적으로 퇴화하는 사람들에게 경고를 주기 위해 이 소설을 썼다고 한다. 1963년 프랑수아 트뤼포는 이 소설을 바탕으로 영화를 만들었다.

섭씨온도계, 1742년 스웨덴서 나와

우리나라와 대부분의 나라들은 섭씨(攝氏)온도를 사용한다. 1742년 스웨덴 천문학자 안데르스 셀시우스는 1기압에서 물의 어는점을 0도, 끓는점을 100도로 정했다. 기호는 ℃이다. 섭씨라는 이름은 셀시우스를 한자로 '섭이사

섭씨 화씨 온도계.

(攝爾思)'라고 썼기 때문이다.

그러나 과학자들은 주로 스코틀랜드의 물리학자 윌리엄 톰슨이 1848년에 제안한 절대온도 켈빈(Kelvin=K)을 사용한다. 켈빈은 열과 일과 에너지의 관계인 열역학 분야를 개척한 천재다. 10세에 대학에 입학해 22세에 교수가 되었다. 영국 빅토리아 여왕이 작위를 수여해 켈빈 경으로 부른다. 켈빈 척도는 물이 얼거나 끓는점을 사용하지 않고 에너지로 온도를 표기한다. 가장 낮은 온도 0K는 영하 273도의 '절대영도'인데 기체의 부피가 0이 되는 온도이며 에너지가 없다.

침묵의 소리를 들은 존 케이지의 반란, '4분 33초'

이 절대영도 0K의 개념을 음악에 도입한 사람이 있다. 피아노곡 '4분 33초'를 발표한 존 케이지다. 그는 비디오 아티스트 백남준의 친구이면서 화가 마르셀 뒤샹과 함께 백남준에게 사상적으로 크게 영향을 준 전위음악가다.

전체 3악장으로 1952년 초연된 이 곡은 지휘자가 등장해서 단상에 올라가

켈빈 온도를 주창한 켈빈 경.

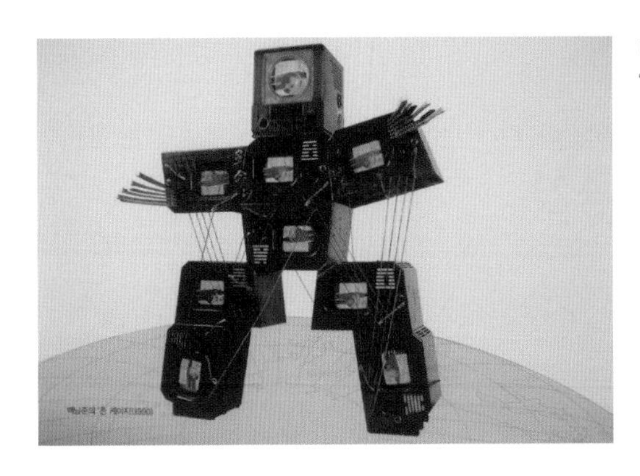

비디오 아티스트 백남준의 작품 '존 케이지'.

가만히 지휘봉을 들어서 정지동작처럼 가만히 서있는 것으로 시작된다. 피아니스트는 단 한 번도 건반을 두드리지 않는다. 모두 4분 33초. 4분 33초 동안 가만히 있을 뿐이다. 그동안 들리는 사람들의 숨소리, 기침소리, 주변의 소리가 곧 자연의 음악이라고 주장한다. 그 연주(?)가 끝난 후 관객들이 박수치는 장면을 보노라면 오케스트라와 지휘자, 관객들, 그리고 그것을 중계하던 BBC 방송까지도 모두 서로 속고 속이는 것이 아닌가 하는 생각이 들 때도 있다. 사람들에게 충격을 준 4분 33초를 초로 바꾸면 273초다.

에너지가 없는 절대영도에서도 침묵의 소리(Sound of Silence)는 존재한다. 존 케이지는 "내가 죽을 때까지도 소리는 남아있을 것이다. 내가 죽은 후에도 음악은 계속 있을 것이다. 음악의 미래에 대해서 두려워할 필요는 없다."고 했다. 절대적 무음은 없다는 발견이 존 케이지로 하여금 '4분 33초'를 쓰게 한 계기가 되었다. 비록 전위적이기는 하지만 어려운 과학의 숫자로 음악의 소재를 삼은 발상이 통쾌하기까지 하다.

구국의 발명,
이순신 장군의 거북선

시조 시인이자 문필가인 노산 이은상은 이렇게 말했다.

"임진(1592)년 4월 13일에 전쟁이 일어났다. 공은 전라좌수사가 되어 가서 1년 동안 온갖 방비에 주력하며, 전쟁 하루 전인 4월 12일에 거북선을 완성하셨으니 이 얼마나 숨가쁜 대조냐."

임진왜란 하루 전날 완성된 거북선

1592년 4월 13일 임진왜란이 일어났다. 그런데 절묘하게 왜란 발생 하루 전인 4월 12일 이순신은 거북선을 완성했다. 왜란이 일어날 것을 이순신은 미리 알았을까? 아니면 우연의 일치였을까?

충무공은 임진왜란이 일어난 것을 전혀 알지 못했다. 그래서 전쟁 당일 그의 일기엔 단 한 줄밖에 없다. "맑음. 동헌에 나가 공무를 본 뒤 활쏘기를 했다."

그 다음날도 마찬가지다. 전쟁 사흘째 저녁에야 장군은 전쟁 소식을 듣는다. 그리고 4일째 되던 날 부산이 이미 함락됐다는 공문을 받았다. 그러나 장군은 이미 전쟁 대비를 착실히 하고 있었다.

거북선은 이순신이 처음 발명했나? 그렇지 않다. 거북선은 이미 180여 년 전인 조선 초 〈태종실록〉(1431년)에 귀선(龜船)이라는 이름으로 처음 등장한다. 모양은 알려져있지 않다.

임진왜란 때의 거북선은 이순신이 고안하고 군관 나대용이 제작했다. 나대용은 조선 최고의 선박기술자다. 그는 임진왜란 1년 전인 1591년 장군의 휘하로 들어간다. 그리고 함께 각종 전투에 참여해 공을 세운다. 전쟁이 끝난 뒤에도 속도가 느린 판옥선의 단점을 보완해 속도가 빠른 '해추선'도 개발했다. 1999년 대우조선이 만든 국산잠수함 8호의 이름은 '나대용호'다.

U자형의 배 바닥, 수심이 얕은 곳에서도 방향 전환 쉬워

이순신의 주력함은 거북선이었나? 아니다. 임진왜란 당시 조선의 주력 전선은 판옥선이었다. 판옥선은 1555년 명종 때 개발되었다. 갑판 위에 집 모양의 누각이 있어 이름이 판옥선이다. 판옥선의 바닥은 U자형. U자형은 수심이 얕은 바다에서도 신속하게 방향을 바꿀 수가 있다. 배 바닥이 V자형인 일본 배는 전투 때 방향 급전환이 어렵다.

판옥선은 이중 갑판으로 되어있다. 밑에는 노를 젓는 군인들이, 상부에는 대포와 화살을 쏘는 전투원들이 탔다. 판옥선은 대포로 적을 공격하는 방식

경남 진해의 해군사관학교에 있는 거북선 모형.

으로 싸운다. 일본은 상대방 배에 올라타 육박전을 한다. 판옥선이 일본 전함보다 배 갑판이 높고, 크기도 커서 일본의 전투방식을 무력화할 수 있었다. 그래서 이순신의 첫해 전적은 10전 10승이었다.

거북선은 왜 유명한가?

거북선은 이 판옥선 위에 덮개를 씌운 형태다. 장군은 거북선에 대해 이렇게 보고했다. "앞에는 용머리를 만들어 붙이고, 그 아가리로 대포를 쏘며, 등에는 쇠못을 꽂았고, 안에서는 밖을 내다볼 수 있어도 밖에서는 안을 들여다볼 수 없습니다. 비록 전선 수백 척 속이라도 뚫고 들어가 대포를 쏠 수 있습니다."

한마디로 거북선은 돌격용 전선이다. 적의 장수가 탄 배를 향해 용의 입에서 대포를 쏘며 돌진해 부숴버린다. 그래서 일본 수군은 거북선에 올라탈 수 없다. 거북선만 보면 공포에 질리는 이유다.

거북선은 철갑선인가? 회의적인 시각도 있었다. 이순신의 보고에 '등에 쇠못을 꽂았다'고는 했어도 '전체에 철갑을 씌웠다'고는 안 했다. 다른 문헌에도 '철로 덮었다'는 말은 없다. 역사가이자 언론인인 문일평의 〈호암전집〉에 답이

나와있다. 그는 일본사람이 쓴 임진왜란 전투사 〈정한위략〉에서 "조선의 전함 중에 전체를 철로 덮은 것이 있어 일본 대포로 당할 수가 없었다."는 기록을 찾아냈다. 거북선이 철갑선이란 근거가 됐다.

그런데 거북선에 돛대가 있었는지 후대에 와서 혼선을 빚었다. 현재 거북선 그림은 〈이충무공 전서〉에 그려진 '통제영 거북선'과 '전라좌수영 거북선'이 있다. '통제영 거북선'엔 노가 한쪽에 10개, 전라좌수영의 것은 8개. 그런데 모두 돛대는 없다. 또 해군사관학교 박물관에 있는 조선 후기 백자의 거북선에도 돛은 없다.

거북선이 인쇄된 돈의 종류 13가지

우리나라 돈에 거북선만큼 많이 들어간 것도 없다. 거북선이 인쇄된 우리나라 돈은 13가지. 그중 1959년에 나온 50환 동전의 거북선엔 깃대만 있는데, 1973년에 나온 5백 원 권에는 돛대가 있다. 난중일기의 '2월 8일 : 거북선 돛에 쓸 베 29필을 받았다.'와 '4월 11일 : 이날 비로소 돛베(布帆)를 만들었다.'는 기록을 안 봤던 걸까. 1999년 해군은 복원 거북선에 돛을 달았다.

거북선은 1597년 7월 16일 원균이 칠천량 해전에서 패하면서 수장됐다. 2009년 이를 찾기 위한 탐사비 모금운동을 시도했지만 중단됐다. 1961년 미국의 두 번째 우주비행사 거스 그리솜이 탔던 우주선 리버티 벨 7호는 대서양에 도착한 후 바다 밑으로 가라앉았는데, 38년만인 1999년 여름 4km 해역에서 건져냈다. 우리도 거북선 찾기를 지금쯤 다시 시도해보면 어떨까? 신안 앞바다에선 보물선도 건졌는데….

2

세상을 뒤흔든 천재 과학자

트랜지스터 발명의 주역, 존 바딘과 윌리엄 쇼클리

노벨상이 시작된 지 120년이 되도록 아직 한국엔 과학 분야 노벨상 수상자가 없다. 그런데 과학자 중엔 노벨상을 두 번이나 받은 사람이 네 명이나 있다.

우선 마리 퀴리다. 그녀는 1903년 남편 피에르 퀴리와 '라듐 및 폴로늄의 방사능 발견'으로 노벨물리학상을 받았다. 1906년 남편이 교통사고로 사망하자 마리 퀴리는 혼자 연구를 계속했다. 그 결과 1911년 '순수 라듐 발견'으로 노벨화학상을 받았다.

다음은 미국의 라이너스 폴링. 1954년 '화학 결합에 관한 연구'로 노벨화학상을 받았다. 그리고 1962년 '핵무기의 국제적 통제와 핵실험 반대운동'으로 노벨평화상을 수상했다.

영국의 프레더릭 생어는 1958년 '단백질·인슐린의 구조'에 관한 연구로,

1980년 '핵산의 염기 배열(DNA)'에 관한 연구로 노벨화학상을 받았다.

노벨물리학상을 두 번 받은 '진정한 천재'

또 한 사람은 미국의 존 바딘이다. 그는 1956년 반도체 연구와 트랜지스터 발명으로 벨연구소의 동료 윌리엄 쇼클리, 월터 브래튼과 노벨물리학상을 공동 수상했다. 그리고 1972년엔 초전도 현상을 설명하는 이론을 제시해 제자인 리언 쿠퍼와 대학원생 존 슈리퍼와 함께 노벨물리학상을 받았다. 그 초전도체 이론을 세 사람 이름의 머리글자를 따서 BCS(Bardeen, Cooper, Schrieffer)이론이라고 한다. 바딘은 노벨물리학상만 두 번 수상한 유일한 인물이다.

트랜지스터는 실리콘이나 게르마늄 같은 반도체로 만든 '다리가 세 개 달린' 전자 소자다. 트랜지스터 발명은 반도체 시대를 열어 인류 역사를 바꿨다. 오늘날 컴퓨터를 비롯한 첨단 전자공학의 경박단소(輕薄短小) 대용량 기술들은 모두 반도체의 발달과 관련 있다.

반도체 연구와 트랜지스터 발명으로 1956년 노벨물리학상을 수상한 윌리엄 쇼클리(왼쪽)와 존 바딘.(오른쪽)

뜻하지 않은 실수로 트랜지스터 발명의 실마리 풀려

위대한 발명은 연구에 몰입하다 발생한 뜻하지 않은 실수의 해결책으로 나오는 경우가 많다. 트랜지스터의 경우도 그렇다.

트랜지스터 개발로 바딘과 노벨상을 공동 수상한 브래튼은 실험의 달인이었는데 어느 날 실수를 했다. 회로 실험에서 접점 역할을 하는 텅스텐 바늘이 건드리면 안 되는 부분을 건드리는 바람에 큰 스파크가 생겨 회로가 망가져 버렸다. 그런데 이 스파크가 생길 때 그렇게 바라고 바라던 전류 증폭 현상이 일어났다. 이것으로 트랜지스터 발명의 실마리가 풀렸다.

바딘이 원인을 분석한 결과, 게르마늄 반도체 표면에 두 개의 회로를 근접시키면 전류가 증폭되는 것을 알아냈다. 그래서 두 개의 텅스텐 바늘을 1천분의 1mm 정도 근접시켜 재현 실험을 했다. 성공. 이렇게 최초의 트랜지스터인 '점 접촉형 트랜지스터'가 개발되었다. 1947년 12월 23일 사내 보고회 재현 실험도 성공. '옮긴다(trans)'와 '저항(resister)'을 합쳐 '트랜지스터(transister)'로 이름을 지었다. 이 모든 일이 불과 한 달 새에 일어났다.

개발 책임자는 실리콘 밸리의 역사를 시작한 윌리엄 쇼클리

트랜지스터 개발 프로젝트의 책임자는 윌리엄 쇼클리였다. 그는 명문 칼텍(캘리포니아 공대)을 졸업하고 MIT에서 박사학위를 받았다. 진공관을 대체하는 반도체 개념을 처음 생각해낸 천재다. 또 핵분열의 연쇄반응 속도 조절로 두 달 만에 원자로를 설계한 사람이다. 트랜지스터 상용화를 위해 산타클라라에

쇼클리에 의해 반도체 사업에 영입된 로버트 노이스는 나중에 세계 최대의 반도체 칩 메이커 인텔을 설립했다.

사상 최초의 반도체 회사를 설립해 '실리콘 밸리'의 역사를 시작한 사람이기도 하다. 너무 머리가 좋아 그의 부모들은 여덟 살까지 학교에 보내지 않고 집에서 가르쳤다.

쇼클리는 인재 발굴에도 천재였다. 존 바딘을 1945년 벨연구소로 영입했고, 세계 최대의 반도체 칩 메이커 인텔을 설립한 로버트 노이스와 고든 무어도 쇼클리의 반도체 사업에 영입됐던 사람들이었다.

그런데 쇼클리는 성격이 괴팍하고 독선적이었다. 인구 문제를 우생학적 관점에서 해결해야 한다며 상원의원에 출마했다가 8명 중 꼴찌를 했다. 엄청난 비난을 받았고 사업은 실패했다. 명예도 다 잃었다. 그가 영입했던 사람들은 하나같이 떠났다. 한때 그를 '반도체의 아버지'라고 불렀는데, 지금 반도체 관계자들은 그 말을 좋아하지 않는다.

쇼클리가 벨연구소를 나와 세운 '실리콘을 이용하는 트랜지스터 집적 회사'는 최초의 반도체 회사였다. 그러나 쇼클리는 변덕으로 그 프로젝트를 파기했다. 그 밑에 있던 노이스와 무어 등 8명의 엔지니어들이 회사를 나와 페어차일드 반도체를 세웠다. 그러다 경영권 다툼으로 노이스와 무어가 1968년 다시 세운 회사가 인티그레이티드 일렉트로닉스(Integrated Electronics Corporation)다. 나중에 이름을 줄여서 인텔(Intel)로 바꿨다. 몇 년 후 그 지역에 반도체 제조업체가 50여 개 이상으로 늘어났고, 그 때문에 '실리콘 밸리'라는 이름이 붙었다.

진정한 천재와 꺾인 천재

존 바딘도 천재였는데 쇼클리와는 좀 달랐다. 바딘은 1908년 5월 23일 미국 위스콘신 주에서 태어났다. 그의 아버지는 해부학 교수로 위스콘신대 의대 초대 학장을 지냈다.

존 바딘은 어려서부터 수학에 재능이 있었다. 초등학교 3학년에서 바로 중학교로 월반하고, 13세에 고등학교 과정을 모두 마쳤다. 그러나 나이가 너무 어려 대학에 바로 진학하지 않고 시내의 다른 고등학교로 전학해 2년간 수업을 더 들었다. 16세 때 위스콘신대에 입학해 28세에 박사가 되었다.

위스콘신대 석사, 프린스턴대 박사, 하버드대 박사 후 과정 동안에는 디랙,

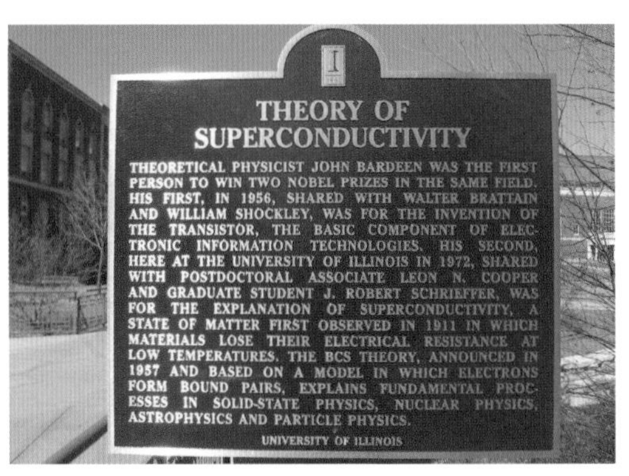

존 바딘이 초전도 현상을 연구했던 일리노이대학. 존 바딘의 초전도 이론을 소개하는 기념 팻말이 세워져 있다.

하이젠베르크, 유진 위그너, 반 블랙 등 노벨상 수상자들 밑에서 배웠고, 양자 역학과 반도체 이론에 관한 충분한 지식을 얻었다. 벨연구소에서 트랜지스터를 개발한 후 쇼클리와 불편한 관계가 되자 일리노이대 교수로 옮겨서 초전도 현상을 열정적으로 연구했다.

바딘의 노벨상 수상에는 그의 인품을 보여 주는 일화가 두 가지 있다. 1956년 11월 1일 아침 존 바딘은 아침식사로 스크램블 에그를 만들다가 자신의 노벨상 수상자 결정 사실을 라디오 뉴스로 처음 들었다. 얼마나 놀랐는지 프라이팬을 바닥에 떨어뜨렸다. 그리고 침실로 달려가 아내에게 소식을 전했다.

또 하나는 시상식 때 일이다. 1956년 노벨상 시상식에 그는 아내와 딸만 데리고 참석했다. 하버드대에 다니는 두 아들은 공부에 방해될까봐 데려가지 않았다. 시상식 뒤 기념 만찬장에서 스웨덴 국왕 구스타브 6세가 "왜 가족들을 다 데리고 오지 않았느냐"고 물었다. 그러자 얼떨결에 "다음번 시상식엔 꼭 같이 오겠다"고 답했다. 그런데 그 말이 사실이 되었다. 1972년 또 노벨물리학상을 수상하게 된 것이다.

2002년 바딘의 전기가 발간되었다. 제목이 〈진정한 천재(True Genius)〉였다. 2006년 쇼클리의 전기가 발간되었다. 제목은 〈꺾인 천재(Broken Genius)〉. 두 천재 과학자의 삶에 관한 대조적 평가다. 두 사람의 삶은 과학적 천재성과 관계없이 남을 배려하는 인성이 중요함을 보여주는 좋은 사례다. 미국 정부는 과학자 바딘을 기려 2008년 3월 바딘 기념우표를 발행했다.

노벨상 2관왕, 반핵·반전주의 과학자 라이너스 폴링

미국의 과학자 라이너스 폴링. 노벨상 역사상 노벨화학상과 평화상을 받은 유일한 인물이다. 1954년에는 노벨화학상, 1962년에는 노벨평화상을 받았다. 유일하게 두 번의 노벨상을 모두 단독으로 받았고, '비타민 C의 아버지'로도 불리는 천재다.

화학결합의 본질 밝혀 1954년 노벨화학상 수상

라이너스 폴링은 1901년 2월 28일 미국 오리건 주 포틀랜드에서 태어나 1994년 8월 19일 사망했다. 오리건 농대를 졸업한 후 칼텍 대학원에서 X선 회절로 광물의 결정구조를 연구해 1925년 박사학위를 받았다. 그 후 유럽으로 가 2년간 뮌헨에선 조머펠트, 코펜하겐에선 닐스 보어, 취리히에선 슈뢰딩거 같은 대

1954년 노벨화학상과 1962년 노벨평화상을 받아 노벨상 2관왕이 된 라이너스 폴링.

가들 밑에서 양자역학을 공부했다. 그 후 칼텍의 이론화학 조교수가 되어 다시 X선을 활용한 결정 연구와 원자·분자에 관한 양자역학 계산을 병행했다. 5년 동안 무려 50편의 논문을 발표했다.

1932년에는 화학결합에 전기음성도의 개념을 처음 도입했다. 전기음성도란 분자 내 원자가 원자 결합에 관여하는 전자를 얼마나 끌어당기는가를 나타내는 정도다. 전기음성도가 크면 공유결합, 작으면 금속결합을 한다. 또 원자 내부의 전기음성도가 균일하지 않으면 이온결합을 한다. 폴링은 이 화학이론에 양자역학을 적용시켜 오비탈 이론을 정립했다. 1939년엔 화학계 불후의 명저인 〈화학결합의 본질〉을 집필했다. 그리고 1954년 노벨화학상을 받았다.

분자생물학에도 조예 깊었으나 DNA 구조 3중 나선으로 잘못 발표

한편 그는 분자생물학에도 조예가 깊었다. 30년대 중반부터 헤모글로빈 조직에 관한 연구를 시작해 산소원자를 얻거나 잃으면 헤모글로빈 조직이 변하는 것을 발견했다. 그리고 이 발견을 단백질의 구조에 관한 연구로 확대 적용했다.

당시에도 3대 생명물질이 단백질, RNA, DNA인 것은 알려져 있었다. 그러나 핵산은 너무 단순해 과학자들은 단백질에 더 무게를 뒀다. 폴링은 X선 회절로 단백질 구조를 연구하고, 1937년 가장 잘 찍은 영국의 윌리엄 애스트 버리의 단백질 결정 X선 사진을 양자역학적으로 해석하려 시도했으나 실패했다. 11년 뒤인 1948년에 해결책으로 헤모글로빈 조직이 나선형이라는 생각을 하게 됐다. 그래서 1951년에는 단백질의 '알파 나선구조'를 제안했다. 여기까지는 좋았으나 그는 1953년 초 실수를 했다. DNA가 3중 나선구조를 가지고 있다는 논문을 발표했다. 그것은 틀린 결론이었다.

그의 발표가 있고 나서 두 달 뒤 왓슨과 크릭이 DNA의 이중 나선구조에 관한 논문을 발표했다. 그들의 DNA 이중 나선구조 발상은 여러 사람들의 연구 결과를 참고한 덕분이었다. 우선 당시 DNA의 권위자였던 샤가프의 분석 결과에서 힌트를 얻었다. 또 다른 힌트는 DNA를 따로 연구하면서도 이들을 도와줬던 프레더릭 윌킨스 덕분에 영국의 캐번디시 연구소에서 로절린드 프랭클린이 찍은 미공개의 고품질 X선 회절 사진을 보고 얻었다. 그들은 DNA의 이중 나선이 아데닌과 티민, 구아닌과 시토신의 염기쌍으로 결합한다는 짧은 논문을 발표했다. 1962년 왓슨, 크릭, 윌킨스 세 사람은 '핵산의 분자구조와 유전정보 전달에 관한 연구'로 노벨생리의학상을 받았다.

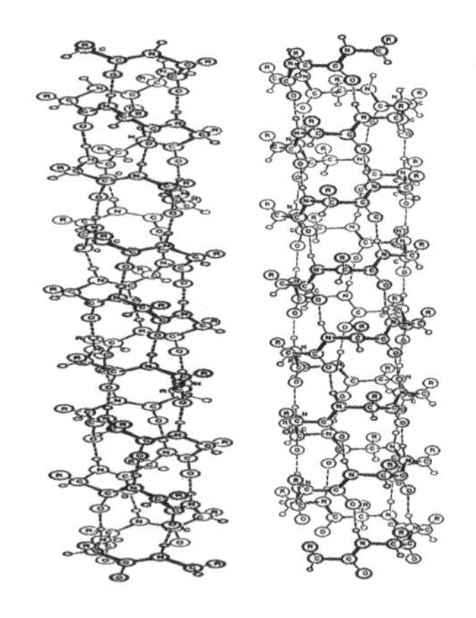

폴링이 1951년에 발표한 단백질의 '알파 나선구조'

만약 폴링이 논문 발표 전에 명료하게 찍힌 프랭클린의 X선 회절 사진을 보았다면, DNA의 구조를 3중이 아닌 이중 나선구조로 수정했을 것이고, 그랬다면 폴링이 노벨생리의학상을 받았을 것이라는 얘기도 있다. 그러나 2003년 왓슨이 학생들과의 대화에서 밝힌 바에 따르면, 폴링은 머리가 너무 좋아서 다른 사람의 연구 결과에 신경 쓰지 않아 오류가 생긴 것이라고 말했다. 실제로 폴링은 3중 나선구조 논문을 쓰기 전 영국 방문도 했었고, 프랭클린의 실험 결과를 볼 기회도 있었지만 보지 않았다.

반핵운동으로 1962년 노벨평화상 수상

폴링은 양자역학에 관한 해박한 지식에도 불구하고 핵무기를 만드는 맨해튼 프로젝트에는 참여하지 않았다. 오히려 제2차 세계대전이 끝난 후 핵실험 반대운동에 앞장을 섰다. 1957년부터는 대기 중 핵실험 금지를 위한 강연 활동과 서명 운동을 벌였다. 그래서 1958년엔 미국인 2000여 명을 포함한 49개국 1만 1000여 명의 과학자가 서명한 청원서를 주도해 유엔에 제출했다. 그리고 〈더 이상 전쟁은 그만〉이라는 책도 냈다. 그 결과로 1962년에 노벨평화상을 받았다.

폴링은 두 번의 노벨상 수상 때 모두 모국인 미국에서 환영보다는 감시와 견제를 받았다. 1950년대 초반 미국을 휩쓸었던 매카시즘과 미소 냉전체제 때문이었다. 3중 나선구조 논문을 발표하기 전해인 1952년 영국에서 열린 단백질 컨퍼런스에 초청을 받았을 때 미 국무부는 그에게 공산주의 혐의가 있다며 여권을 내주지 않아 참석하지 못했다. 두 번째 노벨평화상 수상 결정에 대해서도 당시 〈라이프〉 잡지는 제목을 '노르웨이에서의 이상한 모욕'이라고 했다.

비타민 C로 암 정복에 도전한 '비타민 C의 아버지'

라이너스 폴링은 빠른 통찰력과 끊임없는 에너지로 열정적인 삶을 살았다. 그는 비타민 C의 효능을 널리 전파시킨 일등공신이다. 비타민 C 고용량 요법을 창시해 비타민 열풍을 몰고 왔다.

1966년 생물학과 의학의 융합 연구로 뉴버그 메달을 받을 때, 수상 연설에서 그는 위대한 과학적 발견을 보기 위해 앞으로 20년 정도는 더 살고 싶다고 했다. 그러자 며칠 후 생화학자 스톤이 비타민 C를 많이 복용하면 50년은 더 살 수 있는데 왜 20년만 더 살고 싶다고 했느냐고 편지를 썼다.

폴링은 비타민 C의 효능을 확신해서 비타민 C를 복용하면 감기는 물론 암까지도 치료가 가능하다고 주장했다. 1970년엔 〈비타민 C와 감기〉라는 책을 써서 베스트셀러가 됐다. 이때부터 약국의 비타민 C가 동이 날 정도로 비타민 C 돌풍이 일었다. 그러나 미국 식품의약국(FDA)에서는 학술적으로 인정을 하지 않았고, 폴링은 그에 대해 강하게 반박했다. 비타민 C의 효능이 큰 논쟁으로 번졌다. 1986년엔 〈건강하게 오래 사는 법〉이라는 책도 냈다.

비타민 C를 항산화제로 보는 새로운 시각의 연구자들이 가세하면서 의학계에도 변화가 생겼다. 1990년 미국 국립암연구소 지원으로 비타민 C 국제 학술대회도 열렸다. 여기서 비타민 C의 대사반응에 대한 중요성, 암의 발생과 성장 지연, 생존기간 연장, 치료 독성 감소 효과 등이 발표됐다. 그는 94세에 암으로 죽을 때까지 비타민 C로 암을 치료한다며 비타민 C를 다량 복용했다. 그래서 그의 경력에 비해 말년에는 비과학적 태도로 살았다는 비난과 '비타민 C의 아버지'라는 칭찬을 동시에 받았다.

달에서 가는 자동차 개발, 우주 개척자 폰 브라운

1971년 7월 26일 발사된 달착륙선 아폴로 15호는 11, 12, 14호와 다른 점이 있다. 달에서 가는 자동차인 월면차가 있었다는 것이다. 월면차는 무게 200kg의 2인승 4륜 전기자동차다.

이전에 우주인들은 무거운 장비 때문에 움직임에 제약을 받았다. 멀리 갈 수도 크레이터에 들어가 볼 수도 없었다. 아폴로 14호 때는 무게 9kg의 알루미늄 달 수레를 이용했지만, 끌고 다니느라 호흡 곤란이 올 정도여서 큰 분화구에는 오르지 못했다. 그래서 월면차가 등장했다. 월면차를 타면 산소 소모량도 3분의 1로 줄고 운반 능력도 커진다.

독일에서 망명, 익스플로러 1호·파이어니어 4호 발사의 주역

월면차 개발은 베르너 폰 브라운(1912~1977)이 주도했다. 그는 히틀러의 지원으로 독일 페네뮌데 섬에서 V2로켓을 개발한 독일 출신 미국 과학자다. 로켓 개발을 위해 영혼까지 팔았다며 '20세기의 파우스트'라는 비난까지 받았다. 그러나 제2차 세계대전이 끝나기 전인 1945년 5월 소련군을 피해 엄청난 양의 로켓 자료들을 동굴에 숨겨놓고 5천여 명의 기술자와 함께 미군에 투항했다.

폰 브라운은 천재였다. 그는 나치 하에서 개발했던 V2로켓을 개량해 중거리 탄도탄인 주피터G를 완성했다. 1957년 소련이 스푸트니크 1호를 발사한 지 넉 달 만에 미국 인공위성 '익스플로러 1호' 발사도 성공시켰다. 이때 사용된 주노1로켓도 V2로켓의 변형이다.

그는 미 항공우주국(NASA)의 마셜우주비행센터(MSFC) 초대 소장을 맡았고, 1959년 미국 최초 우주 로켓 파이어니어 4호 발사도 성공시켰다. 1963년 케네디 대통령이 달에 사람을 보내겠다고 선언하자, 달 착륙 프로젝트를 주도했다. 그리고 주노와 주피터 로켓을 대형화해 새턴V로켓을 개발했다. NASA 전문 취재기자 레지널드 터닐에 따르면 로켓 이름 새턴은 주피터, 즉 목성 다음에 있는 것이 토성이었기 때문이다.

달 착륙 요원하던 시절, '달에서 드라이브' 구상

폰 브라운은 제미니 프로젝트가 한창 진행 중이던 1966년 제미니 9A호의 우주인 유진 서넌을 불렀다. "달에 가는 것은 걱정하지 마세요. 내가 보낼 겁니

1971년 7월 26일 발사된 아폴로 15호에 실려서 달 탐사작업을 수행한 월면차. 폰 브라운은 1964년부터 월면차 개발을 준비했다.

다. 문제는 달에 착륙했을 때 무슨 일을 할 것인가인데…. 당신은 차를 운전하게 될 겁니다."

서넌은 놀랐다. 당시는 사람이 달에 가는 것조차 요원한 상태였다. 그런데 폰 브라운은 한 발 더 나아가 384,400km 떨어진 달에 사람이 가서 차를 운전한다는 생각을 하고 있었던 것이다. 폰 브라운은 1964년부터 MSFC에서 '차로 달 표면 횡단' 아이디어를 준비했다. 일단 서류상으로 구상을 실천할 준비를 기술팀에 시켰다. 개념을 세우고 설계해봤지만 너무 크고 무거웠다. 그래서 기본 설계에 초점을 맞췄다. 그리고 1969년 4월 MSFC 내에 월면차 태스크팀을 구성했다고 발표했다. 닐 암스트롱이 아폴로 11호를 타고 달 착륙 비행에 나서기 3개월 전이다.

1969년 7월 11일 NASA의 납품업체들에 월면차 공모를 했고, 두 달간의 심사 끝에 보잉사를 개발업체로 선정했다. 입찰액은 1960만 달러, 납기는 1971년 4월까지였다. 개발비 인상이나 일정 지연 가능성을 막기 위해 인센티브제를 도입했다. 계약서에 3개의 조항을 넣었다. 첫째, 1960만 달러 이하로 개발을 마쳐도 1960만 달러를 다 지급한다. 그러나 예산이 초과되면 초과분의 극히 일부만 더 지급한다. 둘째, 달에서 월면차가 제대로 작동을 못하면 계약 금액의 일정 퍼센트만 지급한다. 셋째, 아폴로 15호 일정에 못 맞추면 돈을 전혀 지불하지 않는다.

가동 조건으로 '깊이·넓이가 각각 0.6m인 크레이터 안으로 들어가고 나올 수 있을 것. 0.3m 높이의 바위를 타고 넘을 수 있을 것. 45도 경사를 올라갈 수도 있어야 하되 25도 기울기에서도 안정될 것'을 제시했다.

어려울 것이란 예상을 깨고 보잉사가 월면차를 완성했다. 비용은 두 배가 들었다. 보잉사는 월면차 개발을 위해 실물 크기 모형들과 전기구동·조향·바퀴·현가장치 등 무수히 많은 시험 시설을 만들었다. 달착륙선 안에 들어갈 월면차 무게 계산도 복잡했다. 달의 중력은 지구의 6분의 1이지만, 지상에서 연습을 하려면 중력 1의 조건에서도 가동되어야 하니까 두 상황을 다 충족시켜야 했다. 발사 시와 달까지의 비행, 달 착륙 시 월면차가 받는 힘도 고려해야 했다. 또 달에서의 시뮬레이션을 위한 장치들도 있었다.

주요 시스템을 보면, 구동장치 외에 36볼트의 은-아연 배터리와 4분의 1마력 DC모터, 각 바퀴의 구동을 위한 전기 시스템, 내비게이션 시스템, TV카메라와 라디오, 원격조정 등 커뮤니케이션 장치, 극한의 온도에서 견디는 내열 및 열 차단 시스템, 그리고 운전자용 장치 등이었다. 전체 무게는 209kg이었다.

제2, 제3의 폰 브라운들이 다음 단계의 우주개발 프로젝트 진행

막상 아폴로 15호가 달에 도착해 월면차를 가동했을 때 앞바퀴는 작동되지 않았다. 하지만 4륜구동이라 뒷바퀴만으로 가동할 수 있었다. 협곡 근처까지 왕복했다. 만약 사고가 나도 우주인이 걸어서 돌아올 수 있게 달착륙선에서

마셜우주비행센터 소장 시절의 베르너 폰 브라운.

반경 6km로 범위를 정했다. 먼지가 일어 시야를 가리지 않을까 걱정했는데, 바퀴덮개가 역할을 잘해 그러지 않았다. 3일 동안 가동한 후 달에 차를 두고 지구로 돌아왔다. 서넌은 마지막 달착륙선 아폴로 17호의 선장으로 달에서 월면차를 운전한 마지막 우주인이 됐다.

폰 브라운은 화성에 유인 우주선을 보낼 프로젝트도 계획했었다. 예산 부족으로 아폴로 계획이 취소되지 않았다면 화성 프로젝트도 그가 주도했을 것이다.

NASA는 2020년을 목표로 달에서 6개월간 체류할 수 있는 주거형 월면차를 개발 중이다. NASA 연구소 중 하나인 제트추진연구소(JPL)는 화성에서 가는 자동차를 개발 중이다. 중국도 월면차 개발을 끝냈다고 한다. 지금쯤 누군가는 폰 브라운이 그랬던 것처럼 다음 단계를 준비하고 있을 것이다.

우리는 2018년에야 1단계 국산발사체 시험 발사에 성공했다. 2021년 본 발사 성공이 목표다. 아직은 갈 길이 멀다. 우선 국가적으로는 미국의 NASA나 일본의 JAXA처럼 우주개발을 총괄하는 KASA(한국우주개발기구)를 만들어야 하지 않을까. 하루아침에 우주에 사람을 보낼 수는 없다. 그러나 그 개발 과정에서 100만 개가 넘는 첨단 부품과 소재, 설계 기술이 발전한다. 파생산업으로 새로운 성장동력도 생겨난다.

공식은 아인슈타인, 원자로 개발은 페르미

스티브 잡스는 "더 이상 덧붙일 게 없을 때가 아니라 더 이상 뺄 게 없을 때 비로소 완성된다."고 했다. 그가 개발한 아이팟·아이폰·아이패드는 모두 단순하다. 그는 애플 창업 시 '단순함은 궁극의 정교함이다'라는 원칙을 마케팅의 대원칙으로 삼았고, 애플 로고 상단에 이 문구를 넣었다. 단순함이 사람의 마음을 움직인다는 것이 그의 믿음이다.

회사의 업무 개선도 마찬가지다. DHL은 해외 송·배달 서비스 전문 회사다. 고객의 입장에서 복잡한 것을 단순화해 운송해주는 서비스로 유명하다. 프랑크 아펠 회장도 혁신 비결로 '단순함'을 강조한다. 단순함이 승리한다. 단순해야 믿을 수 있으며, 단순해야 지속 가능하다. 무엇보다 단순해야 고객이 감동한다.

특수 상대성이론 $E=mc^2$을 유도한 아인슈타인(왼쪽)과 중성자 연구로 1938년 노벨물리학상을 수상한 엔리코 페르미(오른쪽).

가장 강력하고 단순한 공식 $E=mc^2$

과학도 그렇다. 아인슈타인은 과학 전체가 정말 단순하다고 했다. 과학은 더 이상 단순화할 수 없을 때까지 단순화해야 한다고도 했다. 그는 공식 $E=mc^2$을 유도했다. 과학자들은 이 공식을 '가장 아름다운 공식'으로 꼽는다.

1905년 아인슈타인은 특수 상대성이론 논문을 〈물리학 연보〉에 실었다. 그런데 뭔가 빠졌다. 3장의 보충 논문을 다시 써 보냈다. 그 마지막 네 문단에 공식을 적었다. $E=mc^2$. 실험 없이 생각만으로 식을 유도했고, 이 식 하나로 세상을 보는 관점을 바꿨다.

원자핵이 분열되거나 융합되면 에너지가 나온다. 그 에너지가 $E=mc^2$이다. 에너지(E)는 질량(m) 곱하기 빛의 속도(c)의 제곱이다. 아주 작은 질량도 빛의 속도로 가속시키면 거대 에너지로 바뀐다. 그것이 바로 원자력 에너지다.

핵분열을 발견한 리제 마이트너와 오토 한

핵분열 현상을 실험으로 처음 발견한 사람은 독일의 화학자 오토 한과 프리츠 슈트라스만이다. 실험 계획은 리제 마이트너가 세웠다. 리제 마이트너는 오스트리아의 유대인 여성 물리학자다. 그녀는 나치의 탄압을 피해 스웨덴의 노벨연구소에 가 있었다. 그들은 1934년부터 훗날 핵분열로 이어질 연구를 진행하고 있었다. 1938년 말 중성자로 충격을 준 우라늄에서 라듐의 변형체가 생기는지를 보려 했다. 라듐 파편을 모으려고 바륨을 접착제로 사용했다. 일단 사용이 끝나면 바륨을 산으로 씻어 제거해야 한다. 그런데 산으로 세척해도 바륨이 없어지지 않고 그대로 있었다.

이 결과를 오토 한으로부터 전해 듣고 마이트너가 실험 결과를 재해석했다. 알고 보니 남아있는 바륨은 접착제로 발라둔 것이 아니라 우라늄 핵이 쪼개지면서 새로 생긴 것이었다. 우라늄이 쪼개져서 바륨과 크립톤으로 된 것이다. 마이트너는 이것을 핵분열이라고 명명했다.

마이트너에게서 이론적 해석을 들은 오토 한은 1939년 1월 6일 독일에서 이 결과를 발표했다. 그러나 이때 마이트너와 슈트라스만의 이름을 거론하지 않았다. 말하자면 마이트너의 아이디어로 오토 한과 슈트라스만이 같이 실험하고 이론적 해석도 마이트너가 주도했지만, 그 공적을 혼자 가로챈 셈이다. 배신이었다. 1945년 오토 한은 우라늄 핵분열을 증명한 공로로 노벨화학상을 단독 수상했다. 마이트너는 받지 못했다. 과학자들은 이것을 매우 안타까워

핵분열 현상을 처음 발견한 독일 화학자 오토 한(오른쪽)과 공동 연구자 리제 마이트너(왼쪽).

했다. 그래서 새로 발견된 109번째 원소의 이름을 그녀를 기념하여 마이트너륨이라고 지었다.

노벨상 시상식 틈타 이탈리아 탈출한 페르미

페르미는 1938년 노벨물리학상 수상자다. 그는 중성자를 원자에 충돌시키면 새로운 방사능 물질이 생기고, 느린 속도로 원자에 충돌시키면 중성자가 원자핵 내부로 들어가 핵반응을 일으킨다는 점을 이론과 실험을 통해 발견해 수상했다.

1938년 12월 10일 그는 스톡홀름의 노벨상 시상식에 가족과 함께 참석했다. 그러나 조국 이탈리아가 아닌 미국행을 택했다. 이탈리아의 무솔리니가 독일의 히틀러와 손잡고 유대인의 시민권을 제한하는 인종법을 발표했기 때문이다. 페르미 자신은 유대인이 아니었지만, 아내 로라와 두 자녀는 유대인이었다. 그래서 페르미는 노벨상 시상을 이유로 가족과 출국했다가 배편으로 1939년 1월 2일 미국으로 간 것이다.

"나치가 핵무기 선수 치면 재앙", 망명지 미국에서 원자로 개발

1939년 1월 16일 오토 한의 논문 결과를 들은 이탈리아 물리학자 엔리코 페르미는 두 가지를 간파해냈다. 그는 불과 보름 전쯤 미국으로 탈출해 온 터였다. 그가 오토 한의 실험에서 간파해낸 것은, 핵분열이 이뤄진다면 매우 큰 에너지가 방출될 것이며, 이때 몇 개의 중성자가 방출돼 이것이 다음번 우라늄에

미국 시카고에 있는 페르미 국립가속기연구소.

충돌해 연쇄반응이 생길 것이라는 점이었다. 이는 핵무기의 원리였다. 바야흐로 제2차 세계대전의 전운이 감돌고 있던 시기. 그는 위험성을 직감했다. 나치가 핵무기를 먼저 개발하면 큰일이었다.

유럽에서 망명 온 물리학자들이 그와 함께 움직였다. 헝가리에서 망명해 온 질라드·위그너·텔러 등이 아인슈타인을 찾아가 페르미의 연구 결과를 얘기했다. 그들은 루스벨트 대통령을 설득했다. 그래서 우라늄문제 자문위원회가 만들어졌다.

첫 원자로 '시카고 파일-1' 완성

페르미는 시카고대학으로 옮겨 대규모 연구진을 꾸렸다. 핵분열 물질은 우라늄 238이 아니라 0.7%뿐인 우라늄 235라는 점, 핵분열 시 나오는 중성자는 속도가 너무 빨라 감속제가 필요하다는 점, 중성자를 자유로이 제어할 흡수제가 필요하다는 점 등 많은 연구가 이뤄졌다.

마침내 전망이 섰다. 1941년 12월 시카고대의 스쿼시경기장 지하에 최초의 원자로 건설 작업이 시작됐다. 책임자는 엔리코 페르미. 원자로에는 불순물이 없게 특수 제작된 4만 개의 순수 그라파이트(흑연) 벽돌 450톤과 45톤의 카드뮴 제어봉이 들어갔다. 중성자를 감속시키고 흡수해 핵반응을 제어하기 위해서다. 그 안에 농축우라늄 수 톤을 넣을 2만 2000개의 구멍이 뚫렸다. 1년여 만에 원자로가 완성됐다. 이 최초의 핵반응로 이름은 '시카고 파일-1'이었다.

그리고 1942년 12월 2일 오후 3시 25분 가장 위험한 최초의 원자로 연쇄 핵분열 반응 실험이 행해졌다. 28분 동안 2분의 1와트의 전력을 생산했다. 실험 성공. 원자핵의 에너지를 방출시키는 데 성공했다. 인간이 원자핵을 마음대로 조절하고 사용할 수 있게 된 것이다.

페르미의 이름을 딴 원자번호 100 페르뮴

이후 페르미는 원자폭탄을 개발하는 맨해튼 프로젝트에도 참여했다. 전쟁 뒤 시카고대 연구소로 돌아왔다. 수소폭탄 개발에는 반대했다.

페르미는 1901년 9월 29일 로마에서 태어나 1954년 11월 28일 미국에서 암으로 사망했다. 그는 천재였다. 이론과 실험에 모두 정통했다. 영국의 물리학자 스노는 "그가 일찍 태어났다면 러더퍼드의 원자모형과 닐스 보어의 이론도 그가 만들었을 것"이라고 했다. 1967년 설립된 국립가속기연구소도 그의 이름을 따서 1974년에 페르미연구소로 이름을 바꿨다. 에너지 개발과 생산에 업적을 이룬 세계의 과학자에게 주는 상 이름도 엔리코 페르미 상이다. 원자번호 100번 원소는 그를 기려 페르뮴으로 명명되었다.

우리나라도 핵물리학 연구에 박차를 가하고 있다. 2021년 한국형 중이온 가속기가 완공 예정이다. 이것이 기초과학 중흥의 계기가 되기를 바란다.

아인슈타인과 쌍벽, 과학계의 덕장 닐스 보어

1938년 독일의 오토 한이 우라늄 235 연쇄반응 실험에 성공했다. 1939년 9월 제2차 세계대전 발발 직후 아인슈타인은 루스벨트 대통령에게 편지를 썼다. "우라늄 원소가 가까운 미래에 새롭고 중요한 에너지원이 될 것입니다. 이 새로운 현상은 단 하나의 폭탄으로 항구 전체뿐 아니라 그 주변까지 파괴할 가능성이 있습니다." 그러나 루스벨트는 믿지 않았다.

1940년 2월에는 로버트 프리시가 영국에서 우라늄 폭발의 임계질량을 계산해 보고했다. "1~2파운드의 우라늄 235로 충분히 핵폭탄을 만들 수 있다." 두 달 후 영국은 '우라늄 폭발의 군사적 응용위원회'를 구성했지만 독일의 공습 때문에 핵무기 공장을 건설할 수가 없었다. 그래서 이 비밀보고서를 급히 미국 루스벨트 대통령에게 보냈다. 그런데 루스벨트의 측근인 라이먼 브리그스가 서류를 자신의 금고에 처박아두었다.

아인슈타인과 함께 20세기 과학계의 쌍벽을 이룬 닐스 보어(오른쪽).

결국 아인슈타인이 네 번이나 편지를 보낸 뒤 1942년 9월 맨해튼 프로젝트가 시작되었다. 책임은 오펜하이머와 그로브스 장군이 맡았다. 마침내 1945년 7월 16일 원자폭탄이 개발되었다. 그리고 1945년 8월 6일, 히로시마에 우라늄 235로 만든 첫 원자폭탄이 투하되었다. 7만 명이 즉사했다. 3일 후 나가사키에 플루토늄 239로 만든 두 번째 원자폭탄이 떨어졌다. 6만 명이 죽었다. 히로시마에서는 연말까지 사망자가 16만 6000명으로 늘었다.

원폭 개발에 얽힌 첩보영화 같은 이야기들

원폭 개발에 그동안 13만 명의 인원과 22억 달러의 자금이 투입되었다. 참여 과학자들 중 노벨상 수상자만 21명이다. 이 과학 천재들의 이야기는 삼국지의 영웅담처럼 다이내믹하다. 이때의 실화들은 그 자체가 첩보영화다.

2007년 BBC와 내셔널지오그래픽, 독일 NDR이 '핵무기 개발 첩보전(원제 : Nuclear Secrets)'이라는 5부작 다큐 시리즈를 제작했다. EBS에서도 2007년 9월에 방영했던 이 작품에서는 치열한 핵무기 개발 경쟁과 세계를 긴장시킨 핵 위기, 핵 과학자의 행각, 이스라엘과 아랍 세계의 핵 개발 등 핵을 둘러싸고 벌어졌던 역사적 사건들이 흥미진진하게 펼쳐진다. 1편과 2편은 스파이에 관한 이야기, 3편은 수소폭탄 개발에 관한 이야기다. 수소폭탄 개발을 막으려던 원자폭탄의 아버지 오펜하이머가 매카시즘으로 고통받은 이야기와 미-소 수소폭탄 개발 경쟁이 다뤄졌다. 4편은 이스라엘의 핵무기 보유를 폭로한 모르데차이 바누누와 이스라엘 정보부 모사드의 추격전. 마지막 5편은 핵폭탄 설계도와 원심분리기 부품을 암시장 거래물품으로 만들어버린 파키스탄 핵폭탄의 아버지 압둘 카디르 칸의 이야기다.

삼국지의 유비 같은 '과학계의 덕장' 닐스 보어

그 가운데 과학자로서 삼국지의 유비와도 같았던 덴마크의 닐스 보어가 있었다. 그는 아인슈타인과 함께 20세기 과학계의 쌍벽을 이루는 인물이다. 덴마크의 500크로네 지폐에는 닐스 보어의 초상화가 인쇄되어있다. 그의 주변엔 당대의 과학자들이 모여들었다.

아인슈타인은 1921년에 광전효과로, 닐스 보어는 1922년에 '원자구조와 원자에서 나오는 복사에너지의 발견'으로 노벨물리학상을 받았다. 아인슈타인은 상대성 이론으로, 닐스 보어는 고전물리학의 인과율을 '양자역학에서의 상보성'이라는 방식으로 바꾸었다. 자연현상에 대해 아인슈타인은 결정론을 주장했고, 닐스 보어는 우연에 근거해 현상이 나타난다고 해 오랜 기간 논쟁을 벌였다.

실제로 원자폭탄 투하 과정을 보면, 닐스 보어의 우연론이 더 맞는 것 같다. 원래 두 번째 원폭의 목표는 나가사키가 아니라 고쿠라였다. 8월 9일 B29 3대로 구성된 원폭 편대가 출격했다. 그런데 한 대가 일본 해안의 집합 장소에서 재집합하는 데 실패했다. 할 수 없이 두 대만 예정시간보다 30분 늦게 고쿠라 상공까지 갔다. 그런데 이번엔 시야 확보가 안 됐고 30분을 지체하면서 연료마저 부족했다. 그래서 제2 목표인 나가사키에 원폭을 투하했다. 도시가 바뀐 것이다. 세 번째 B29기가 제때 왔다면, 나가사키 대신 고쿠라가 폭탄을 맞았을 것이다.

마술 같은 과학, 닐스 보어 연구소의 노벨상 금메달 이야기

1935년 반나치 저술가 카를 폰 오시에츠키가 노벨평화상 수상자로 결정되었다. 화가 난 히틀러는 1936년에 "독일인은 노벨상을 받지 말라"고 금지령을 내렸다. 그래서 나치 치하에선 노벨상 금메달이 오히려 신변을 위협했다. 닐스 보어와 연관된 유명한 노벨상 금메달 일화가 있다. 닐스 보어가 나치로부터 과학자를 보호하기 위해 열고 있던 코펜하겐 연구소의 헝가리 출신 화학자 게오르크 헤베시 이야기다.

1940년 덴마크를 점령한 독일군이 연구소를 수색하러 오고 있었다. 시간은 없고, 막스 폰 라우에와 제임스 프랭크의 노벨상 금메달을 숨기는 것이 문제였다. 그때 실험실의 용액 병이 눈에 띄었다. 아이디어가 떠올랐다. 원래 금은 어떤 산에도 녹지 않는다. 그래서 금속의 왕이다. 그러나 유일하게 염산과 질산의 비율을 3:1로 만든 왕수에는 녹는다. 금속의 왕을 녹인다고 해서 이름이 왕수다. 헤베시는 왕수 병에 금메달을 담갔다. 금메달이 완전히 녹아 노란 용액만 남았다. 병을 실험실 제일 위 선반에 두고 탈출해 스웨덴으로 갔고, 1943년 X선 분석의 화학적 응용과 동위 원소의 생리학적 응용 연구로 노벨화학상을 수상했다.

제2차 대전이 끝나자 헤베시는 닐스 보어 연구실에 들러 왕수 병을 다시 찾았다. 구리조각을 왕수 병에 넣자 구리가 녹으면서 한쪽에서 금이 다시 나왔다. 구리의 이온화 경향이 금보다 더 크기 때문이다. 그 금을 노벨위원회에 보내 다시 금메달로 만들었다.

원폭 이후의 위험을 더 생각한 닐스 보어

1943년 9월 닐스 보어도 가족과 함께 스웨덴으로 탈출해 10월 초 영국으로 건너갔고, 12월 미국으로 갔다. 그는 로스앨러모스 연구소에서 아들인 오게 보어와 함께 맨해튼 프로젝트에 참여했다(오게 보어도 1975년 노벨물리학상을 받았다). 독일이 먼저 원자폭탄을 개발하면 안 된다는 생각에서였다.

닐스 보어는 그러나 실질적 개발 작업보다는 원자폭탄 이후의 위험을 더 생각했다. 그래서 1944년 7월 3일 프랭클린 루스벨트 대통령을 만나 핵무기의 개발과 사용을 규제하는 국제위원회를 만들고 핵전쟁 방지대책을 세워야 한다고 얘기했다. 윈스턴 처칠도 만나 힘 있는 집단들이 핵무기를 개발할 위험성을 전했다.

로스앨러모스의 연구원이자 소련 첩자였던 클라우스 푹스의 정보를 바탕으로 1950년 소련이 핵무기를 개발하자 그의 주장대로 국제원자력기관 설립이 논의되었다. 그로부터 70년 가까이 지났다. 아직도 세계는 핵의 위협에서 자유롭지 못하다. 한반도는 더욱 그렇다. 열어버린 판도라의 상자를 해결하는 길은 무엇일까? 선각자의 지혜가 아쉬워진다.

'미생물의 아버지'
안토니 판 레벤후크

생명체를 둘로 나누면? 동물과 식물. 틀렸다. 이건 미생물이 발견되기 360여 년 전 얘기다. 생물, 즉 생명체란 살아있는 존재다. 그들은 첫째, 외부에서 양분을 섭취해 에너지를 얻고, 그것으로 활동을 한다. 둘째, 성장을 한다. 즉 몸이 커진다. 셋째, 종족 번식. 자신과 닮은 자손을 만들어낸다. 그렇게 보면 동물과 식물 말고 생명체가 또 있다. 바로 미생물이다.

육안으로 볼 수 있는 최소 크기는 0.1mm다. 미생물은 크기가 그보다 작아 육안으로는 볼 수 없다. 또 동물과 식물의 세포는 핵이 있지만, 미생물은 대부분 핵이 없는 원핵생물이다. 포도주를 만드는 효모나 페니실린을 만드는 곰팡이, 짚신벌레 같은 것은 미생물이지만, 핵이 있는 진핵생물이다.

그래서 생명체를 둘로 나누면 핵이 없는 원핵생물과 핵이 있는 진핵생물로 나누는 것이 옳다. 진핵생물은 다시 동물과 식물, 균류로 나뉜다. 원핵생물은 다시 세균과 고세균으로 나뉜다. 학문의 분류는 끝이 없다.

곰팡이·박테리아·바이러스 미생물 3종

미생물은 크게 세 가지가 있다. 곰팡이와 박테리아, 바이러스다. 곰팡이와 박테리아는 양분을 섭취하고 생장해서 증식한다. 그러나 바이러스는 다르다. 바이러스는 먹지 않고, 다른 생명체의 세포 안에 기생해서 운동과 증식을 한다. 바이러스는 핵도 없는 불완전세포지만, DNA와 RNA 분자를 갖고 있어 인간이나 동물세포 안에서 복제를 한다. 그래서 미생물에 포함시킨다.

미생물은 결코 미미한 존재가 아니다. 종류와 수, 역할이 어마어마하다. 오태광 미생물유전체활용사업단장의 책 〈보이지 않는 지구의 주인, 미생물〉에 따르면 성인 한 사람의 세포는 대략 60조 개. 몸속 미생물의 수는 120~500조 개다. 지구상의 동·식물, 미생물을 다 합해 무게를 달면 그중 60%가 미생물이

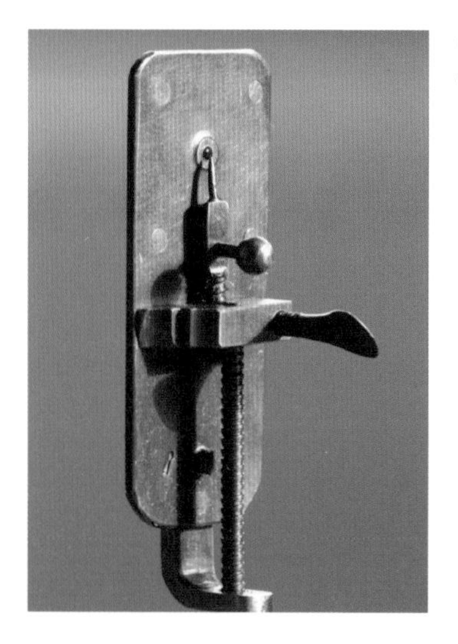

레벤후크가 개발한 단식현미경. 그는 270배율이나 되는 이 현미경으로 식물의 구조와 단세포를 관찰했다.

다. 흙 1g 속에는 약 15억 마리의 미생물이 산다. 원시지구는 고온과 고압, 공기 속의 이산화황과 이산화탄소로 동식물이 살 수 없었다. 그 열악한 환경을 생물체가 살 수 있는 지구로 변화시킨 주역이 미생물이다.

사람 입안에는 미생물이 700여 종이 있다. 구석구석마다 20~30여 종이 산다. 입안에서 분비되는 침에는 라이소자임이라는 단백질 효소가 들어있는데, 미생물의 세포벽을 공격해 터져 죽게 만든다(이를 발견한 사람이 페니실린을 발명한 플레밍이다). 우리 몸 중에서 미생물이 가장 많은 곳은 대장이다. 대장의 내용물 1g마다 1천억~1조 마리의 미생물이 살고 있다. 몸 밖으로 배설하는 대변의 3분의 1은 장내 미생물이다.

엄마 배 속 태아는 미생물 '제로'

위에는 산성이 강한 위산이 있어 미생물이 없을 것 같지만 위궤양을 일으키는 헬리코박터 필로리가 위벽 점막 안쪽에 산다. 호흡기관과 폐에는 미생물이 없다. 있다면 감염된 것이다. 신기하게도 엄마 배 속에 있는 태아에는 미생물이 전혀 없다. 태어난 직후 2~3주까지는 공기 중의 대장균 같은 유해균이 주종을 이루다 안정화된다. 이 기간이 신생아에게 가장 위험한 기간이다.

미생물의 최초 발견자는 네덜란드의 안토니 판 레벤후크(1632~1723)다. 그는 1632년 10월 24일 네덜란드의 델프트에서 태어났다. 여섯 살 때 아버지가 사망해 초등교육밖에 받지 못했다. 그러나 친척에게서 수학과 물리의 기초 원리를 배웠다. 16세 때 포목상에서 도제생활을 했는데, 이때 유리를 입으로 불어 형태를 만드는 기술을 배웠다. 6년 후 고향으로 돌아와 상업을 하면서 렌

미생물의 최초 발견자 안토니 판 레벤후크.

즈나 금속의 정밀가공 기술을 계속 익혔다. 1668년 로버트 훅(식물의 세포벽 처음 발견)의 책 〈마이크로그라피아〉를 읽었다. 그 책을 통해 확대경으로 본 자연의 세계를 알게 되었다. 그는 배율이 270배나 되는 당시 가장 성능이 좋은 단식현미경을 만들어 식물의 구조와 단세포를 관찰했다.

1673년 40세 때 지인이 레벤후크를 왕립학회에 연결해줬다. 그때부터 91세에 죽을 때까지 50년 동안 그는 자신이 발견한 것들을 편지로 적어 영국 왕립학회에 보냈다. 그가 보낸 편지는 600통이 넘는다.

1676년 5월 26일, 그는 자신이 만든 현미경으로 지붕 위에서 떨어진 물을 관찰하다 순수 빗물에서는 보지 못했던 새로운 생명체들을 발견했다. 그 해 10월 8일 영국 왕립학회에 편지를 썼다.

"물속에 있는 대부분의 생명체의 움직임이 아주 신속하고, 다양하며, 위아래로 원을 그리고 있는 것이 놀랍다. 나는 이 작은 생명체들이 치즈 껍질·밀가루·곰팡이, 그리고 비슷한 것에서 발견되는 가장 작은 것보다 수천 배 이상 작다고 판단한다. … 그중 몇몇은 매우 작아서 수백만 개가 하나의 물방울에 담길 수도 있다. 나는 이렇게 작은 크기의 살아있는 다른 생명체를 본 적이 없다. 자연이 이토록 엄청나게 작은 생명체들을 가지고 있다고는 상상조차 할 수 없었다."

편지를 받은 영국 왕립학회는 레벤후크의 발견이 사실인지를 놓고 논란에 휩싸였다. 결국 당시의 대학자 로버트 훅이 최종 확인을 맡아 그의 발견이 사실임을 인정했다.

정액에서 처음으로 정자 확인

레벤후크는 1677년 11월 처음으로 정액에서 정자를 확인했다. 1678년에는 이와 뼈, 머리카락에 관한 관찰 결과도 보고했다. 그가 정규 학력이 없음에도 불구하고 영국 왕립학회는 1680년 그를 회원으로 추대했다.

레벤후크는 관찰을 계속해 적혈구 세포, 모세혈관의 혈액 순환, 개미, 벼룩, 다양한 벌레들의 한살이도 관찰했다. 그리고 쥐, 정액, 홍합, 굴, 곰팡이, 기생충, 한센병, 뱀장어, 동물들의 뇌 등에도 끝없이 현미경을 들이댔다. 그의 별명은 '미생물학의 아버지'다. 죽기 12시간 전까지도 관찰하고 그 결과를 왕립학회에 편지를 보낸 호기심의 대가였다.

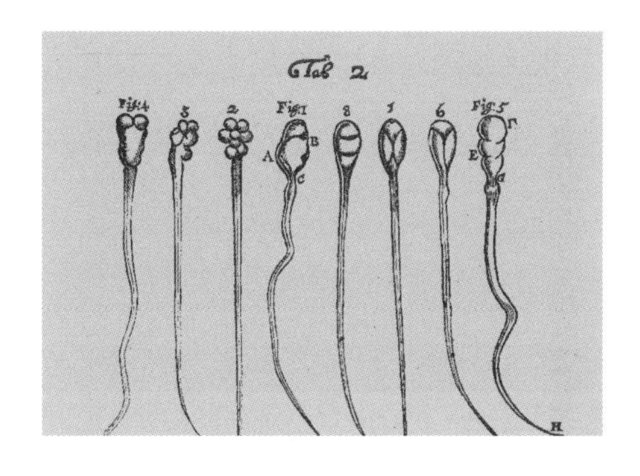

레벤후크가 발견한 정액 속 정자.

42평생에 75만 마리 나비 채집, 나비박사 석주명

석주명(石宙明)의 별명은 나비박사다. 42년이라는 짧은 생애에 75만 마리가 넘는 나비를 채집하고, 관련 논문 128편을 썼다. 한국 나비의 분류학을 정립하고, 분포도를 작성했다. 한국산 나비 이름도 대부분 그가 지었다.

그는 1908년 11월 13일 평양에서 출생, 26년 개성의 송도고등보통학교, 29년 일본 가고시마고등농림학교 박물과(생물학과)를 졸업했다. 졸업을 앞두고,

보스턴과학관의 나비전시실을 소개하는 포스터(왼쪽)와 나비전시실(오른쪽).

조선사람이니 조선 나비를 연구하라는 스승 오카지마 긴지 교수의 권유로 조선의 나비를 연구하기로 결심했다.

통계학적 지식을 생물분류학에 적용

1929년 귀국한 그는 함흥 영생고보 박물교사로 있다가 1931년 모교인 송도고보로 옮겼다. 23세 때다. 이병철의 〈석주명 평전〉에 따르면 이 학교의 시설은 당시 최고였다. 미국 에모리대학 캔들러 총장의 자금 지원으로 1906년 설립된 학교가 송도고보다. 교정이 와세다대학보다 크고, 화강암으로 지은 교사와 스팀 난방, 계단식 강의실과 실험실습 설비를 갖춘 이화학관, 1000석 넘는 좌석을 갖춘 2층 대강당, 실내체육관과 16면의 테니스코트 같은 시설이 있었다. 특히 지하1층, 지상2층의 박물관에는 조선 제일의 표본실과 실험실·연구실·저장실·교실들이 있었다.

송도고보에서 석주명은 11년간 나비 연구에 몰입했다. 틈만 나면 전국을 훑으며 나비를 채집했다. 여름방학에는 학생들에게 '나비 200마리 채집'을 과제로 냈다. 전국 각지에서 모인 학생들이 전국 나비 표본을 들고 왔다. 이 기간에 발표한 나비 논문이 79편이었다.

같은 종인데 날개 길이와 무늬, 빛깔, 띠 등의 형질이 조금씩 다른 것을 개체변이, 같은 종을 전혀 다른 종으로 착각하여 잘못 분류된 학명을 붙인 것을 동종이명(同種異名)이라고 한다. 석주명은 측정 시료 수를 많이 살피면 분포 곡선이 평균을 중심으로 좌우 대칭의 종 모양이 되는 정규분포 곡선을 이용해 동종이명을 증명했다. 종 모양의 정규분포 곡선이 하나가 나오면 그 시료들은 모두 같은 종이다. 그러나 정규분포 곡선이 두 개가 나오면 2종이 섞여 있는 것이다. 요즘은 흔한 방식이었지만 당시 이렇게 통계학적 지식을 생물 분류학에 적용하는 변이곡선 이론은 완전히 참신한 생각이었다.

우리나라 나비 이름 대부분 작명한 세계나비학회 최초 한국인 회원

그는 "논문 한 줄을 쓰려고 나비 3만 마리를 만졌다"고 했다. '조선산 배추흰나비의 변이 연구' 논문 세 편을 쓰기 위해 제1보(1936년)에서는 2만 1066마리, 제2보(1937년)에서는 4만 6918마리, 제3보(1942년)에서는 9만 9863마리, 총 16만 7847마리 배추흰나비의 앞날개 길이를 일일이 쟀다. 이렇게 해서 921개 동종이명 가운데 844개를 없애고, 한국 나비를 246종으로 분류했다. 현재 밝혀진 한국의 나비가 251종이니 엄청나게 정확한 분류였다.

1938년 송도학교 교장 신도애(L. H. Snyder) 박사의 주선으로 영국 왕립아시아학회가 석주명에게 조선산 나비 총목록의 집필을 의뢰했다. 그는 학교를 4개월 쉬면서 동경제대 동물학회 도서관에서 조선산 나비에 관한 책 300여 권과 논문 193편을 뒤지고, 많은 학자들과의 토론을 거쳐 1939년 3월 조선산 접류 총목록을 완성했다. 1940년에 출간된 이 책은 당시 조선산 나비로 분류된 255종 종류마다 연구사와 학명 변천을 밝히고, 그동안의 동종이명을 총 정리한 430쪽짜리 영문 국판이다. 업적을 인정받아 그는 당시 30여 명뿐인 세계나비학회 회원이 되었다.

분류학을 일단락 짓고 그는 한국산 나비의 분포 연구에 나섰다. 1942년 나비 채집과 분포 연구를 위해 학교를 사직했다. 그는 나비를 하도 많이 만져서 날아가는 나비의 암수를 바로 알 정도였다. 연구를 이어받을 사람이 없으면 박물관이 오히려 해충번식장이 될까봐 박물관에 필요한 것만 남기고 태워버린 나비 표본이 60만 마리였다.

그는 나비 250여 종의 분포도를 종류별로 각각 한국지도와 세계지도 한 장씩에 그렸다. 모두 5백 장의 나비 분포 지도를 배낭에 넣고 다녔다. 이것은 1973년 한국산 접류 분포도로 발간되었다. 1942년 그는 경성제대 생약연구소 촉탁으로 들어갔다가, 제주도의 나비를 연구하기 위해 1943년부터 2년간 제주도 시험장에 자원해서 근무했다. 거기서 나비뿐 아니라 제주도 방언과 문화도 연구했다. 제주 관련 논문도 6편을 썼다.

전쟁 때도 피난 안 가고 표본 지켜

1946년 석주명은 서울 남산에 있는 국립과학관의 동물학 연구부장으로 나비 연구에 몰두했다. 1947년에는 그가 만들거나 정리한 한국산 나비 이름 248종이 조선생물학회에서 확정됐다. 그는 6·25 중에도 피란을 가지 않았다. 15만 마리가 넘는 나비 표본과 자료 때문이었다.

그러나 과학관이 폭격 맞아 모두 소실되었다. 그리고 1950년 10월 6일 오후, 과학관 회의에 가려고 뛰어가다 충무로 근처에서 술 취한 청년을 발로 건드렸는데 그들 무리 중 한 명이 "인민군"이라고 소리치며 쏜 총에 맞아 사망했다. 42살 과학자의 어이없는 죽음이었다. 제자들이 현장에서 전해 들은 바로는 살해되기 직전 그는 "나는 나비밖에 모르는 사람이야!"라고 외쳤다고 한다.

2008년에 석주명은 과학기술인 명예의 전당에 헌정되었다.

3

우주는 넓고 도전할 것은 많다

최초의 우주인, 유리 가가린

1961년 4월 12일 오전 9시 7분, 첫 우주인인 소련의 유리 가가린을 태운 우주선 '보스토크 1호'가 러시아의 바이코누르 우주 발사 기지에서 발사되었다. 우주선은 시속 28,800km의 속도로 299.2km까지 올라가 76분에 걸쳐 지구 궤도를 한 바퀴 돈 뒤 10시 55분에 무사히 지구로 돌아왔다.

세계를 뒤흔든 108분

소련의 이즈베스티야는 '세계를 뒤흔든 108분'이라는 제목으로 이 사실을 대서특필했다. 가가린의 유인 우주비행은 소련이 1957년 최초의 인공위성 스푸트니크를 쏘아 올렸을 때보다 미국에 더 큰 충격을 줬다. 미국이 유인 우주비행은 소련보다 앞서겠다며, 유인 우주선 '머큐리'의 우주인 후보 7명의 명단을 발표한 지 불과 3일 만에 가가린이 먼저 성공했기 때문이다.

보스토크 1호가 발사될 때 가가린은 "파예할리!"라고 소리쳤다. 영어로 "Let's Go!", 우리말로는 "갑시다!" 정도의 뜻이다. 러시아에서 우주인 훈련을 받았던 고산 씨는 우주인에게 "파예할리!"는 두려움과 설렘, 도전과 결단의 비장함이 담긴 "그래, 가보자!"라는 의미라고 말한다. 가가린의 비행에 앞서 두 번의 큰 폭발 사고로 동료들이 희생되었기 때문이다. 그 후 러시아에서는 로켓 엔진이 점화되는 순간, 우주선 안의 선장이 "파예할리!"라고 외치는 전통이 생겼다.

의자와 함께 캡슐에서 튕겨 나와 4000m 상공에서 낙하산 펴고 착륙

가가린의 우주선 귀환에는 몇 가지 문제가 있었다. 우선 역추진 로켓이 점화되자 예기치 않게 우주선이 12초마다 한 바퀴씩 돌았다. 공중제비로 돌다가 대기권을 통과하면서야 회전이 멈췄다.

또 가가린은 미국 우주비행사처럼 우주선을 타고 착륙하지 않았다. 미국의 우주선은 바다로 유도해 '착수'라고 하는데, 러시아는 딱딱한 육지에 착륙하기 때문에 위험해서 7000m 상공에서 의자와 함께 캡슐에서 튕겨나와 4000m 상공에서 낙하산을 펴고 내려왔다. 이를 위해 가가린은 4000m 높이에서 50초 동안 낙하산을 펴지 않고 내려오는 훈련도 받았다. 캡슐은 별도로 역시 4000m 상공에서 보조 낙하산이 펴지고, 2500m 높이에서 본 낙하산이 펴져 천천히 카자흐스탄의 초원지대로 착륙했다.

그러나 소련은 이런 사실을 공개하지 않았다. 기자회견에서 그가 우주선에

탄 상태로 착륙했는지 낙하산을 사용했는지 기자들이 물으면, 가가린은 "착륙은 성공적으로 이루어졌습니다. 오늘 제가 여기 참석한 것이 그 성공을 증명합니다."라고 말하며 핵심을 비켜갔다.

가가린이 탔던 캡슐은 동그란 구형이었다. 구형 캡슐은 변수가 적어 제작은 간단하지만 방향 제어가 불가능하다. 그래서 귀환 시 목표 지점에 정확히 도착할 수가 없다. 현재의 소유스 우주선 캡슐은 방향 제어가 가능한 범종 모양으로 개량되었다. 중국의 우주선 선저우도 범종 모양이다. 그러나 캡슐은 어느 것이나 재사용이 불가능하다. 그래서 재사용을 목표로 개발된 것이 비행기처럼 날개가 달린 미국의 우주왕복선 '스페이스 셔틀(Space Shuttle)'이다.

몸집 작은 덕에 선발된 가가린, 34세에 비행기 추락사고로 사망

가가린은 158cm로 키가 작았다. 만일 미국 우주비행사로 지원했다면 그는 키 때문에 탈락했을 것이다. 선발 조건이 소련은 키 175cm 미만이었지만 미국은 163cm 이상, 180cm 이하였기 때문이다. 가가린의 캡슐 공간은 너무 좁아 키가 작은 것이 오히려 장점이었다. 그는 심리검사를 비롯해 우주인 선발을 위한 모든 시험검사에서 최고였다.

최초의 우주인 유리 가가린을 기념하기 위해 모스크바에 세워진 기념탑(왼쪽)과 그의 우주비행 모습을 그린 벽화(오른쪽).

우주비행 당시 가가린은 27세였다. 그는 공군 중위에서 2계급 특진과 함께 영웅 칭호를 받고 세계적 스타가 되었다. 30개국을 방문하며 하루 20회의 연설을 하는 날도 있었다. 인도를 방문해서는 네루 총리를 만났고, 영국 방문 시에는 엘리자베스 여왕까지 전통을 깨고 그와 사진을 찍었다. 1960년대에 러시아에선 아이 이름을 '유리'로 짓는 것이 유행이 되었다. '가가린'으로 이름을 붙인 거리나 광장, 공원, 학교들도 많이 생겼다.

가가린은 1968년 3월 27일 34세에 비행기 추락 사고로 사망했다. 우주비행사로 복귀하기 위해 2인승 MIG-15 전투기를 타고 마지막 훈련비행을 하던 중이었다. 그가 회전비행을 막 끝내는 순간 다른 MIG-15 전투기가 바로 옆을 스쳐 지나갔다. 관제상의 실수였다. 가가린이 탄 전투기는 그로 인한 난류 발생으로 추락했다. 러시아 스타시티의 박물관에는 불에 그슬린 그의 유품들과 그가 추락한 지점에서 가져온 흙 견본이 전시돼있다.

러시아는 매년 4월 12일을 '우주의 날'로 정했다. 미국은 별도로 첫 미국 유인 우주비행사 앨런 셰퍼드의 비행(1961년 5월 5일)을 생각해 5월 첫째 주 금요일을 '우주의 날'로 정해 행사를 해왔다. 그러나 최근에는 34개국에서 75개 이상의 '유리의 밤' 이벤트가 개최된다. 미 항공우주국(NASA) 소속 에임스(Ames) 연구센터에서도 4월 12일에 '유리의 밤' 행사가 열린다. 우주 탐사의 국제협력 결과 일어난 문화적 변화다.

2012년 미국은 우주왕복선 운행을 중지했다. 이후로 지금은 미국 우주인들도 러시아 우주선 소유즈를 타고 우주정거장으로 간다. 또 러시아 우주인들이 미국 존슨우주센터에서 함께 훈련을 받는 경우도 있다. 이제 우주 경쟁은 미국 대 러시아에서 미국 대 중국의 경쟁으로 바뀐 것 같다.

인간보다 먼저 우주를 비행한 개, 벨카와 스트렐카

2000년 1월 미국 국무부는 외교 문건 중 1961년 6월 21일 자로 존 F 케네디 대통령이 니키타 흐루쇼프 소련 서기장에게 보낸 서신을 공개했다. 거기에 이런 구절이 나온다.

"우리 부부는 푸싱카를 받고 매우 기뻤습니다. 푸싱카가 소련에서 미국까지 비행기를 타고 온 것은 그 어미가 우주비행을 한 것만큼 극적이진 않지만 긴 여행인데 잘 견뎌냈습니다… 바쁘신 중에도 이런 것들을 기억해주시는 배려에 감사드립니다."

푸싱카는 강아지다. 어미는 소련이 발사한 우주선 스푸트니크 5호에 실려 지구 궤도를 돈 뒤 귀환한 최초의 우주견 스트렐카다. 흐루쇼프는 케네디와의 회담 후 스트렐카가 낳은 강아지를 선물로 보냈고, 케네디가 그에 대한 감사의 편지를 흐루쇼프에게 보낸 것이다.

스푸트니크 5호를 타고 지구 궤도를 17바퀴를 돈 뒤 무사 귀환한 우주견 벨카와 스트렐카.

벨카·스트렐카, 지구 궤도 17바퀴 돈 뒤 무사 귀환

1960년 8월 19일, 벨카와 스트렐카라는 이름의 두 마리 개가 스푸트니크 5호에 실려 발사되었다. 토끼 두 마리, 새끼 쥐 40마리, 성체 쥐 두 마리, 파리, 식물, 버섯 같은 균사체들도 실렸다. 이들은 지구 상공 궤도를 17바퀴 돈 뒤 발사 하루 만에 모두 살아서 지구로 돌아왔다. 이 비행으로 우주에 생명체를 보낼 수 있다는 게 증명됐다.

벨카와 스트렐카는 활동적이고 명랑한 성격이었다. 나중에 공개된 동영상을 보니까 비행 중 벨카는 불안해하고 짖는 모습도 보였다. 그러나 우주비행 후에도 둘은 모두 건강했다. 몇 개월 후 스트렐카는, 우주비행은 안 했지만 지구에서 여러 우주실험에 참여하고 있던 개 푸쇼크와의 사이에서 여섯 마리의 새끼를 낳았다. 흐루쇼프가 그중 한 마리를 케네디의 딸 캐롤라인에게 선물로 보내주었는데, 그 개가 푸싱카다.

푸싱카는 털이 복슬복슬하다는 뜻이다. 케네디 대통령과 가족들은 개를

최초의 우주견 라이카 기념우표.

아주 좋아했다. 이미 여러 마리를 백악관에서 키우고 있었다. 케네디가 가장 좋아했던 개는 몸집이 작은 웨일스 테리어 '찰리'였다. 나중에 쿠바 사태가 나서 러시아 함대가 들어오고 미군 함대가 출동하는 긴박한 상황에서 케네디가 결단을 내릴 때에도, 그는 찰리를 자기 집무실로 데려오라고 해서 쓰다듬다가 찰리를 내보내고는 쿠바 사태를 해결하는 결단을 내렸다고 한다.

냉전시대의 로망스, 찰리와 푸싱카

당시 서신을 주고받을 만큼 가까워졌던 케네디와 흐루쇼프의 교류를 '냉전 시대의 로망스'라고 하는데, 찰리와 푸싱카도 로맨스의 꽃을 피웠다. 푸싱카는 새끼 네 마리를 낳았다. 케네디는 강아지들을 '니키타 흐루쇼프'의 이름을 따서 '닉짱들(닉의 강아지란 뜻의 영어를 풀이한 것)'이라고 불렀다.

새끼 중 두 마리는 중동의 어린이에게 보냈고, 두 마리는 스쿼 섬에 있는 케네디의 본가에서 기르다가 주변에 줬다. 푸싱카의 후손은 아직 살아있어서, 요즘 모스크바 교외의 즈베스다(Zvezda) 박물관에 다른 우주견들과 함께 살아있는 모습의 사진이 전시돼있다.

2010년 3월 18일엔 벨카와 스트렐카를 주인공으로 하는 3D 애니메이션 영화 〈스페이스 독(Space Dog)-벨카와 스트렐카〉가 개봉되었다. 우주견들의 우주비행 50주년 기념으로 제작된 이 영화는 우리나라에서도 2010년 가을 제4회 서울국제가족영상축제 때 상영되었다.

줄거리는 서커스단의 개 벨카와 떠돌이 개 스트렐카가 바이코누르 우주 발사 기지로 붙잡혀와 훈련을 받은 뒤 우주비행에 나서 운석 소나기가 쏟아지는 가운데 지구로 돌아온다는 내용이다. 주인공 스트렐카는 우주에 계속 남고 싶어 했다. "아빠가 우주에 살고 있다"는 엄마의 말을 믿었기 때문이었다. 그러나 로켓에 불이 붙어 할 수 없이 지구로 돌아온다. '아빠가 별에 살고 있다'고 믿는 대목은 1957년 11월 3일, 스푸트니크 2호를 타고 우주 궤도로 진입했다가 죽은 최초의 암컷 우주견 라이카를 연상시킨다.

비극의 우주견 라이카

라이카는 스푸트니크 2호에 실려 바이코누르 우주 기지에서 발사되었다. 라이카는 우주공간 속에서 맥박, 호흡, 체온, 생리적 반응 등 여러 데이터를 제공한 뒤 우주선 안에서 죽었다. 스푸트니크 2호가 대기권 재돌입이 불가능하게 설계되어 어차피 라이카는 우주에서 죽도록 예정된 운명이었다. 스푸트니크 2호는 1958년 4월 14일 대기권 재돌입 때 타서 없어졌다. 동물애호가들은 '죽음의 길로 보내는 동물 학대'라며 동물 우주실험을 반대한다.

우주견 라이카를 추모하는 노래도 있다. 가사를 듣다 보면 라이카의 운명이 가여워 애절한 마음이 든다.

안녕하세요! 저는 우주견이에요. 별을 향해 쏘아진.
들리세요? 저는 우주견이에요. 지구는 푸르게 빛나요.
안녕하세요! 저는 우주견이에요. 새로운 개척지를 찾아 나서는.
들리세요? 저는 우주견이에요. 태양과 행성들이 멀어져가네요.

생각나요. 제가 태어났던 시절이.
그가 보고 있었죠. 유리우리 속 저를.
그가 말했죠, 어느 날 제가 새 로켓을 탈 거라고요.
조금 무서웠지만 그가 웃으며 말했어요. 걱정 마라, 넌 착하고 용감하니까.

안녕하세요! 저는 우주견이에요. 첫 번째는 아니지만 유일한.
들리세요? 저는 우주견이에요. 빛의 속도로 달려나가는.
안녕하세요! 저는 우주견이에요. 이 여행은 오래오래 걸려요.
잊지 마세요, 저를. 저는 우주견이에요. 별 조각을 가지고 지구로 돌아올게요.

'거리의 개'들을 우주견으로

라이카 이후에도 우주실험에서 개들이 희생되었다. 벨카와 스트렐카가 우주비행에 나서기 불과 3주 전, 바르스와 리시치카를 태운 우주선이 발사 수초 후에 폭발과 함께 사라졌다. 라이카나 벨카와 스트렐카나 모든 우주견들은 사실은 거리를 헤매는 유기견들이었다. 모두 아홉 마리의 암컷 우주견을 선발해서 1년 정도 훈련시켰다.

당시엔 인체가 무중력에서 어떻게 반응하는지, 계속 무중력 상태에 있어도 되는지 아무도 몰랐다. 로켓 발사와 대기권 재진입 때 사람이나 동물이 그 엄청난 가속을 견딜 수 있을지도 몰랐고, 그 당시 막 발견된 방사능대가 인체에 어떤 영향을 미칠지도 알 수 없었다. 따라서 유인우주선 발사 전에 동물들을 먼저 태워 실험하는 것은 불가피한 선택이기도 했다. 미국은 침팬지를 먼저 태웠는데, 무사히 돌아온 침팬지는 다시는 우주선을 타려고 하지 않았다.

1961년 유리 가가린이 첫 유인 우주비행을 하기 직전 로켓 폭발 사고가 발생했다. 그때 불안해진 가가린을 안심시킨 것은 개였다. 1961년 3월 25일 그가 타고 갈 보스토크 우주선과 똑같은 우주선을 타고 스요스도츠카라는 이름의 개가 마네킹과 함께 지구 궤도를 한 바퀴 돈 후 무사히 귀환한 것이다.

그래서인지 첫 우주비행을 마치고 지구로 돌아온 유리 가가린은 농담을 던졌다. "나는 아직 내가 우주에 다녀온 첫 인간인지 마지막 개인지 모르겠다."

스요스도츠카가 탔던 세계 최초의 우주캡슐이 유리 가가린의 첫 우주비행 50주년을 맞아 2011년 4월 12일 뉴욕 소더비 경매에서 팔렸다. 낙찰가는 2백90만 달러. 구매자는 러시아의 사업가 예프게니 유리첸코. 그래서 다시 러시아의 품으로 돌아갔다.

미래의 녹색 보석 '베릴륨'

수필가 피천득 선생은 '오월'이란 시에서 신록의 오월을 비취가락지에 비유했다. 동양에서 오월의 보석은 비취다. 보통 옥이라고 부르는 비취는 녹색 빛이 아름다운 보석이다. 옛날 우리 양반 댁 아낙들이 머리에 꽂았던 옥비녀와 사랑의 징표로 삼았던 옥가락지도 비취로 만든 것이다.

서양에서는 오월의 탄생석이 에메랄드다. 투명한 녹색이 아름답다. 비취나

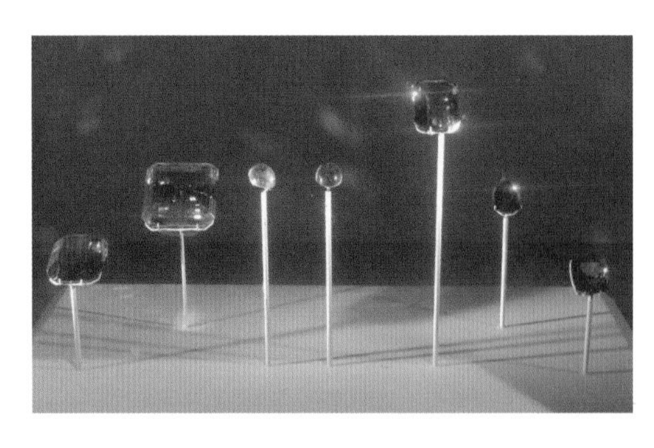

스미스소니언 자연사박물관에 전시된 보석들. 오른쪽에서 세 번째가 에메랄드다.

에메랄드나 모두 행복을 의미한다. 에메랄드는 여러 가지 얘깃거리가 많다. 성질이 괴팍한 로마의 네로 황제는 검투사들의 결투 장면을 에메랄드 유리를 통해 보는 것을 즐겼다. 이집트의 클레오파트라 여왕은 사람이 살지 않는 누비아 사막에 에메랄드 광산을 가지고 있었다고 한다.

에메랄드의 주성분 베릴륨, 강철보다 강한 '마법의 금속'

고대 잉카와 아즈텍 문명은 에메랄드를 성스러운 보석으로 숭배했다. 힌두교의 경전 베다에서는 "에메랄드는 행운과 안녕을 가져온다"고 했다. 인도의 황제와 왕비들은 에메랄드를 좋아했다. 뉴욕의 미국자연사박물관에는 인도의 '제항기르 마할' 황제가 소유했던 에메랄드 컵이 전시돼있다. 에메랄드는 콜롬비아산이 가장 아름답다. 그중 워싱턴의 스미스소니언 자연사박물관에 있는 후커 에메랄드 브로치가 유명하다. 티파니에서 디자인한 것인데, 에메랄드 75.47캐럿과 다이아몬드 13캐럿으로 만들었다.

보석 무게의 단위는 캐럿(ct)이다. 지중해 연안에서 나는 캐롭(구주콩)나무 열매에서 비롯되었다. 이 콩 한 알의 무게는 0.2g이다. 금의 순도를 나타내는 단위도 캐럿(K)인데, 100%의 순금이 24K(캐럿)이고, 18K는 18/24, 14K는 14/24만큼 금이 포함돼있다.

에메랄드의 주성분은 베릴륨이다. 베릴륨은 녹주석에 14% 이상 포함돼있다. 베릴륨은 마법의 금속으로도 불린다. 베릴륨으로 만든 합금은 매우 단단하고 강철보다 튼튼하다. 열에 강하면서 열과 전기도 잘 통한다. 게다가 가볍다. 베릴륨으로 만들어진 비행기 부품은 알루미늄으로 만든 것보다 1.5배 정도 가볍다. 기기 측정도 정확하고 안정적이다. 그래서 비행기에 이 합금으로 만든 부품이 1천 개 이상 들어간다.

베릴륨은 열에도 잘 견딘다. 존 글렌이 1962년 2월 타고 갔던 머큐리 우주선은 바닥과 머리 부분을 베릴륨으로 만들었다. 우주선이 지구로 귀환하면서 대기권에 진입할 때 열을 많이 받는 게 문제였는데, 베릴륨이 이를 해결한 것이다. 베릴륨은 우주선의 로켓 추진제의 재료로도 최고다.

명품 시계와 고급 오디오에 필수

베릴륨과 구리를 합금한 베릴륨동도 있다. 보통 철로 만든 스프링은 85만 번을 눌렀다 펴면 탄성이 없어지는데, 베릴륨동으로 스프링을 만들면 2백억 번 진동을 줘도 탄성이 그대로다. 그래서 오메가나 롤렉스 같은 명품 시계의 스프링과 톱니바퀴는 베릴륨동으로 만든다. 우리나라에서는 전자시계는 많이 만들지만 고가 시계는 생산하지 못한다. 베릴륨 합금으로 된 정밀부품을 만들지 못하는 것도 한 요인이다.

제2차 세계대전 때의 일이다. 독일이 무기 제조에 쓰일 베릴륨이 모자라 문제가 생겼다. 베릴륨 합금 생산은 미국이 1위다. 독일은 전쟁 중이라 미국에 주문할 수 없었다. 고민 끝에 중립국인 스위스를 이용했다. 스위스 시계 제조업체 명의로 미국에 청동 베릴륨을 주문했다. 향후 500년 동안 전 세계의 시계 스프링에 쓸 수 있는 물량이었다. 결국 음모가 탄로나 수입을 못 했다. 그럼에도 독일군의 비행기용 연발 기관총에서는 베릴륨 청동으로 된 스프링이 가끔씩 쓰였다고 한다.

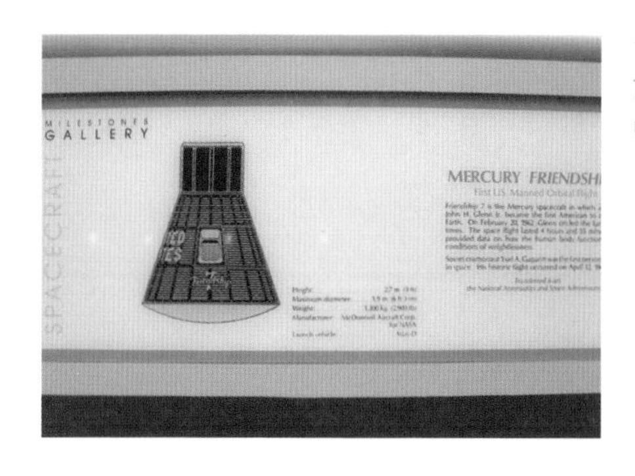

1962년 발사된 머큐리 우주선 프렌드십 7호. 열에도 잘 견디는 베릴륨을 사용해 만들었다.

베릴륨은 특이하다. 보통 금속이 돌 등에 부딪히면 불꽃이 튄다. 그래서 광산이나 화약공장, 기름창고 같은 데서 화재나 폭발 사고가 잦다. 그러나 베릴륨 합금은 부딪혀도 불꽃이 생기지 않는다. 베릴륨 자체는 불꽃을 감소시키지 못하지만 구리와 합금하면 충격에 잘 견디고 불꽃이 튀지 않는다.

베릴륨이 사용되는 곳이 또 있다. 공기 중 소리의 속도는 초당 340m, 수중에선 145m다. 그러나 베릴륨 속에선 12,500m다. 그래서 야마하 같은 고급 오디오의 스피커에 사용된다.

요즘은 노트북보다 얇은 울트라북이 인기다. 9mm 두께의 제품도 나왔다. 문제는 발열이다. 컴퓨터 성능이 좋아질수록 열도 많이 생긴다. 냉각장치가 필요하다. 냉각 팬을 장착하면 두께를 얇게 하기가 쉽지 않다. 차별화된 냉각 방열 기술이 필요하다. 그 방법의 하나로 베릴륨 합금에 구리 방열판을 더하는 기술이 고안됐다. 이렇게 하면 냉각효율도 좋아진다.

인간 시력 100억 배인 허블망원경 반사경에도 사용

베릴륨은 핵물리학에서도 중요하다. 제임스 채드윅이 얇은 베릴륨 판에 α입자

인간 시력의 약 100억 배에 달하는 허블망원경. 이 망원경의 반사거울에 베릴륨이 사용된다.

를 충돌시켰더니 전하를 띠지 않는 입자가 튀어나왔다. 이것이 중성자다. 중성자를 발견한 공로로 채드윅은 1935년 노벨물리학상을 받았다.

중성자는 전기를 띠지 않아 다른 원소의 핵에 쉽게 파고든다. 1938년 노벨물리학상을 받은 엔리코 페르미는 중성자의 속도를 조절해 속도를 늦추면 핵반응이 효과적으로 일어나는 것을 알아냈다. 그때 감속재로 쓰이는 것이 베릴륨이다. X선 결정학에서도 베릴륨이 중요하다. X선은 베릴륨을 잘 통과한다. 알루미늄 시험관보다 투과도가 17배나 높다. 그래서 X선 결정학의 시험관을 모두 베릴륨으로 만든다.

베릴륨은 우주망원경에도 사용된다. 지금까지 우주의 천체 사진을 찍어 보낸 것은 허블망원경이었다. 허블망원경의 시력은 인간의 약 1백억 배에 달한다. 허블 다음 세대를 이어갈 망원경이 제임스 웹 우주망원경인데, 이것은 허블 시력의 3.4배다. 인간의 300억 배다! 바로 이 새 망원경의 반사거울에도 금속 중 가장 반사율이 뛰어나고 가벼운 베릴륨이 사용된다. '가볍고, 단단하고, 탄성 좋고, 보석같이 영원한 합금' 베릴륨. 이제 에메랄드에서 베릴륨으로 눈길을 돌려보자. 새로운 녹색 미래가 보인다.

타임머신 타고 떠나는 시간여행

시간은 수수께끼다. 볼 수도, 만질 수도 없지만 누구나 시간의 흐름을 느낀다. 시계를 보면서 우리는 객관적인 시간의 흐름을 인식한다. 그러나 똑같은 시간이 때로는 길게, 때로는 짧게 느껴진다. 의식이 시간의 흐름과 함께하기 때문이다.

초현실주의 화가 살바도르 달리의 <기억의 지속>

스페인 화가 살바도르 달리의 '기억의 지속'은 의식의 흐름을 시각적으로 표현한 작품이다. 그림 속의 시계들을 녹아내리는 것처럼 그렸다. "본질은 시간의 한계를 넘어 기억 속에 있다."는 것이 그의 생각이다. 그러나 이 그림은 과거 시간에 대한 기억이다. 나뭇가지에 걸린 시계도, 테이블 위에 녹아내린 시계도 모두 과거의 시간이다. 현재와 미래의 시계는 뒤집어져있어 볼 수 없다.

'타임머신' 창시한 4차원 작가, 조지 웰스

공간과 시간의 개념을 물리적으로 정리하기 위해 과학자들은 차원의 개념을 도입했다. 즉 점을 연장하면 1차원의 선, 선을 옆으로 연장하면 2차원의 면, 면을 높이로 늘리면 3차원의 공간이 된다. 이 3차원의 입체적 공간 안에서는 공간 밖으로의 이동이 불가능하다. 공 안의 주사위는 공을 찢지 않고는 밖으로 꺼낼 수 없다. 꺼내려면 4차원의 개념이 필요하다. 4차원을 시간이라고 하면, 시간의 축을 따라 공간 이동이 가능해진다. 이것이 이른바 '시간여행'이다.

'시간여행'을 주제로 한 최초의 공상과학 소설은 1895년 허버트 조지 웰스가 발표한 〈타임머신〉이다. 1866년 9월 21일 영국 켄트주의 브럼리에서 태어난 그는 〈타임머신〉에 이어 〈투명인간〉, 〈우주전쟁〉 등 100여 편의 책을 썼다. 그래서 〈해저 2만리〉, 〈80일간의 세계일주〉의 쥘 베른, 1926년 최초로 공상과학 잡지 〈어메이징 스토리스〉를 창간한 휴고 건즈백과 함께 'SF의 아버지'로 불린다.

〈타임머신〉에서 주인공인 '시간여행자'는 시간과 차원에 대해 이렇게 설명한다.

"실제로 존재하는 입체는 길이·너비·두께, 그리고 '지속시간'의 네 가지 차원이 존재한다. 그중 세 개를 우리는 공간의 세 평면, 네 번째를 시간이라고 부른다. 우리는 앞의 세 차원과 네 번째 차원을 부자연스럽게 차별하는 경향이 있다. 우리의 의식은 우리가 태어났을 때부터 죽을 때까지 시간이라는 네 번째 차원을 따라 한 방향으로만 단속적으로 이동하기 때문이다. …

4차원은 시간을 보는 또 다른 방식이다. 시간은 우리 의식이 그것을 따라 움직인다는 것을 제외하고는 공간의 세 차원과 아무런 차이도 없다.… 나는 4차원 기하학을 연구하고 있다. 그중에는 묘한 것도 있다. 예를 들어 어떤 사람의 8살 때 초상화와 15살, 17살, 23살 때의 초상화가 있다고 하자. 이 초상화들은 그들의 단면이다. 그 사람의 불변하는 4차원적 존재를 3차원으로 표현한 것이다.…

예를 들어 내가 어떤 사건을 생생하게 회상하고 있다면, 나는 그 사건이 일어난 순간으로 돌아가 있는 것이다. 물론 그 과거 속에 오래 머물 수는 없다. 미개인이나 동물이 지면 2m 위에서 오래 머물 수 없는 것과 마찬가지다. 하지

Classic Books
The Time Machine - By H G Wells
BONUS SECTION

SF의 아버지 허버트 조지 웰스와 그의 소설 〈타임머신〉을 소개한 특집기사.

조지 웰스의 소설 〈타임머신〉에 나오는 지하인간 몰록과 지상인간 엘로이.

만 문명인은 기구를 타고 중력을 거슬러 하늘로 올라갈 수 있다. 그렇다면 결국 시간이라는 차원을 따라 이동하는 것을 멈추거나 이동 속도를 빨리 할 수도 있고, 심지어 방향을 돌려 반대 방향인 과거로 돌아갈 수도 있다고 기대할 수 있는 것 아닌가?"

퇴화한 인간들의 미래 보여준 서기 802701년으로의 시간여행

소설 속 시간여행자는 사람들에게 자신이 개발한 타임머신의 모형과 그것이 사라지는 것을 보여준다. 일주일 후 시간여행자는 먼지투성이 코트와 헝클어진 머리, 고통에 시달린 모습으로 다리를 절며 나타난다. 타임머신을 타고 서기 802701년의 미래로 시간여행을 다녀온 것이다.

그곳에서 그는 진화가 아니라 퇴화한 인간들의 미래 모습을 봤다. 지상에는 '엘로이'라는 키 120cm인 착하고 순한 채식주의자 인간들이 살고 있는데, 먹고 놀기만 한다. 지적 호기심도 없어 5살 지능밖에 되지 않는다. 지하에는 '몰록'이라는 인간들이 산다. 기계를 움직이고 창의적이지만 사악하고 지상의

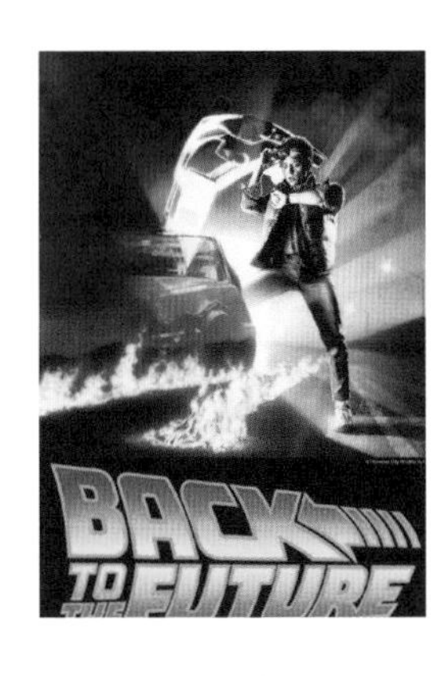

영화 〈백 투 더 퓨처〉 포스터.

'엘로이'들을 잡아먹는다. 그는 '몰록'들이 감춰놓은 타임머신을 찾아서 격투 끝에 그곳을 탈출해 더 먼 미래로 갔다.

게처럼 생긴 괴물과 녹색식물들만 있는 황량한 해변. 다시 1000년 단위로 속도를 올리면서 3000만 년 후 미래로 이동했다. 그곳엔 파도도 없고 달의 흔적도 없는데 일식이 일어나고, 세상은 침묵뿐이다. 이야기를 마치고 다시 시간여행자는 타임머신을 타고 시간여행을 떠난다. 그렇게 소설은 끝을 맺는다.

비록 100년도 훨씬 넘은 소설이지만 아직까지 인간의 상상력은 웰스의 초기 상상을 크게 뛰어넘지 않았다. 1963년 그의 소설을 처음 영화화한 〈타임머신〉은 물론이고 1980년대부터 21세기까지 〈백 투 더 퓨처〉, 〈터미네이터〉 시리즈가 모두 그 영향권 안에 있다.

그러면 실제로 시간여행은 가능한 것일까? 타임머신 논의는 아직 진행 중이다. 대부분의 과학자는 불가능할 것이라고 한다. 빛의 속도보다 빠른 초광속 운동이 불가능하기 때문이다. 그러나 공간과 시간은 같은 매질이 혼재된 두 측면이므로 매질을 휘게 만들어 두 개의 서로 다른 시간이 '웜홀'을 통해 만나게 할 수 있다는 주장도 있다.

인류 최초로 달 착륙한 아폴로 11호

1969년 7월 16일 달착륙선 아폴로 11호가 발사됐다. 11호의 달착륙선 이름은 '이글'이다. 미국의 상징인 '흰머리 독수리'를 가리킨다. 사령선은 '컬럼비아', 승무원들이 달 탐험을 콜럼버스의 미 대륙 발견에 비유해서 지은 이름이다. 우주인은 닐 암스트롱과 버즈 올드린, 마이클 콜린스 세 사람이다. 미션은 1961년 5월 25일 케네디 대통령이 의회에서 약속한 대로 '이 10년이 다 가기 전에 달에 인간이 착륙한 뒤 지구로 무사히 돌아오는 것'이었다.

달에 착륙한 아폴로 11호.

아폴로 11호를 타고 최초로 달 탐험을 한 닐 암스트롱, 버즈 올드린, 마이클 콜린스.

달 표면에 첫 발 내디딘 닐 암스트롱

발사 12분 만에 아폴로 11호는 궤도에 진입해 지구를 한 바퀴 반 돌고 달로 향했다. 30분 후에는 달착륙선과 사령선이 도킹에 성공했다. 그리고 7월 20일(미국시간) 발사 4일 만에 달에 진입하고, 거기서 다시 분리된 달착륙선을 타고 달의 '고요의 바다'에 슬로 모션처럼 천천히 착륙했다. 달 표면에 역사적인 첫발을 내디딘 사람은 닐 암스트롱이다. 그때 그가 했던 "이것은 한 인간의 작은 걸음이지만, 인류에게는 커다란 도약이다."라는 말은 지금도 회자되는 명언이다.

암스트롱과 올드린은 달에 성조기를 꽂은 후 기념비를 설치했다. 21.55kg의 모래와 달 암석을 채취하고 지진계도 설치했다. 이 장면은 TV로 생중계되었고, 전 세계 6000만 명 이상이 시청했다. 달에서의 작업 시간은 2시간 30분, 달 체류 전체 시간은 21시간 36분이었다. 그동안 사령선의 콜린스는 달 110km 상공 궤도를 돌았다.

마침내 7월 24일 오후 5시 50분 아폴로 11호는 무사히 태평양 바다에 내렸다. 이것으로 인간이 달에 착륙했다가 돌아오는 새 역사가 만들어졌다. 돌아온 우주인들은 격리돼 '달 바이러스' 감염 체크를 받았고, 아무 이상이 없었

달에 착륙해서 임무를 수행하고 있는 우주인 올드린.

다. 그들은 대대적인 환영행사에 참석하고 25개국을 순방하며 연설을 했다.

아폴로 프로젝트는 1호에서 17호까지

아폴로 프로젝트를 돌아보면 1호부터 17호까지 역사가 찬란하다. 아폴로 1호는 1967년 1월 27일 모의 카운트다운 테스트를 하다가 화재로 우주인 세 사람이 모두 사망했다. 희생자는 머큐리 계획과 제미니 계획의 베테랑 거스 그리솜, 미국 최초의 우주 유영자 에드워드 화이트 2세, 그리고 신참자 로저 채피였다. 아폴로 2·3호는 아예 없었고, 아폴로 4·5·6호는 새턴V형 로켓을 시험하는 무인비행이었다. 7호는 착륙선만 빼고 모든 것을 연습했다. 8호는 지구 궤도를 벗어나 최초로 달 궤도를 비행했다. 착륙선 대신 똑같은 무게의 짐을 싣고 발사됐다. 9호는 달 착륙 장비를 모두 싣고, 착륙에 필요한 랑데부와 도킹 테스트를 했다. 그리고 10호는 11호 발사 두 달 전에 달 상공 9마일까지 접근했다가 돌아왔다. 그러고 나서야 11호가 달 착륙에 성공한 것이다. 그때까지 총 240억 달러의 예산이 투입됐다.

달 착륙과 암석 채취 결과로 달에 관해 여러 가지 과학적 사실들이 밝혀졌다. 달에는 생명체가 없다. 비(非)생명체의 유기화합물조차 없다. 월면 암석은 현무암·사장암·각력암의 세 가지가 있고, 사암·이판암·석회암은 존재하지 않는다. 그밖에 월면 암석의 나이가 32억~46억 년 사이인 것도 밝혀졌다.

이후 아폴로 12~17호가 달에 착륙했고, 모두 12명의 우주인이 달에 갔다. 13호는 산소탱크 회로 손상으로 위기에 처했다가 착륙을 포기하고 대신 달착륙선의 동력과 산소, 엔진을 이용해 기적적으로 무사히 지구로 돌아왔다.

로켓의 아버지 비웃던 NYT, 11호 발사 다음 날 공식 사과 사설

한편 아폴로 11호가 성공적으로 발사된 다음 날인 1969년 7월 17일, 뉴욕타임스는 로켓 과학자 로버트 고더드에게 사과하는 사설을 실었다. 사설은 "고더드 박사의 실험이 보다 발전된 실험과 조사였다"면서 "17세기 아이작 뉴턴의 실험 결과를 확인해, 대기에서처럼 진공 상태에서도 로켓을 추진할 수 있다는 게 명백히 확인되었다. 뉴욕타임스는 (작용·반작용의 법칙을 잘못 해석하고 있던) 잘못을 후회한다"는 것이었다.

발단은 1919년으로 거슬러 올라간다. 오늘날 '미국 로켓의 아버지'로 불리는 고더드가 1919년 '초(超)고도에 도달하는 방법'이란 69쪽짜리 책을 출간했다. 책은 작용과 반작용을 이용하는 로켓의 비행 원리를 제시했다. 그러자 뉴욕타임스는 1920년 1월 12일 사설에서 신랄하게 비판했다. "로켓은 공기를 박차고 나간다. 우주는 진공이라 박찰 공기가 없는데 어떻게 날겠는가"라고 비웃었다. 게다가 '고더드는 고등학교에서 배워야 할 지식도 없는 과학자'라고 조

롱까지 했다. 1969년 사설은 49년 전 사설에 대한 공식 사과였다.

2009년 7월 16일 아폴로 11호 발사 40주년 기념일이었다. 이날 아폴로 11호의 세 우주인들은 자신들이 탔던 사령선이 전시된 스미스소니언 항공우주박물관에서 만났다. 세 사람은 모두 1930년생 동갑내기다. 그러나 이것이 세 우주인이 만난 마지막 이벤트였다. 닐 암스트롱이 2012년 8월 25일 사망했기 때문이다. 2019년 현재 버즈 올드린과 마이클 콜린즈는 살아있다. 닐 암스트롱은 1966년 제미니 8호를 타고 첫 도킹에 성공했었다. 올드린은 1969년부터 1963년까지 MIT 공대에서 랑데부와 도킹에 관한 연구로 박사학위를 받았다. 두 사람 모두 충분한 기량을 갖춘 비행기 조종사 출신이다. 이것이 두 사람이 최초의 달 착륙 우주인으로 선정된 이유이다.

2019년은 아폴로 11호 달 착륙 50주년이다. 미국에서는 달 착륙 50주년 기념우표를 발행하고, 2달러짜리 기념지폐도 만들었다. 1월 3일에는 중국의 달착륙선 창어 4호가 인류 역사상 처음으로 달 뒷면에 착륙했다.

한편 2011년 우주왕복선 디스커버리호가 2월, 인데버가 5월, 아틀란티스호가 7월 우주정거장에 도킹했다. 이것으로 우주왕복선 시대는 마감되었다.

1972년 이후로 NASA엔 달 탐사 계획이 없었다. 그러나 2019년 NASA는 아르테미스 프로젝트를 발표했다. 2020년 아르테미스 1호가 달 궤도 무인비행, 2022년 2호가 달 궤도 유인비행, 2024년 달 궤도에 미니 우주정거장 '게이트웨이(Gateway)' 건설. 그리고 여성우주인이 아르테미스 3호로 달 궤도 우주정거장에 도착한 후, 거기서 전용 착륙선으로 달에 착륙한다는 계획이다.

알면 알수록 신비한 세계, 은하수와 은하계

추석에 보름달이 뜨면 마음속엔 어릴 적 부르던 동요 '반달'이 떠오른다. "푸른 하늘 은하수 하얀 쪽배엔 계수나무 한 나무 토끼 한 마리…"로 시작되는 반달은 1924년 윤극영(1903~1988) 선생이 작사·작곡한 우리나라 첫 동요다. 노래에서 계수나무는 계피나무, 샛별은 금성이다.

은하수는 우리 태양계가 속해 있는 은하다. '은빛 강'처럼 보인다고 해서 은하수, 우리말로는 '미리내'다. 영어로는 'Milky Way'. 은하수 빛이 우윳빛 띠처럼 흐릿해 붙여진 이름이다.

그리스 신화에 나오는 'Milky Way'의 유래는 이렇다. 바람둥이 제우스신은 알크메네의 남편이 전쟁에 나간 사이 그녀의 남편으로 변해 동침한다. 그래서 얻은 아들 헤라클레스가 불사의 생명을 얻게 하려고 자기 아내 헤라가 잠든 사이 그 젖을 물렸다. 그런데 헤라클레스가 워낙 젖을 세게 빠는 바람에 놀란 헤라가 아기를 뿌리칠 때 흘러나온 젖이 은하수가 되었다.

태양계는 8개 행성과 5개 왜행성으로 구성

태양계는 수성, 금성, 지구, 화성, 목성, 토성, 천왕성, 해왕성의 8개 행성과 5개 왜(矮)행성으로 구성되어있다. 2006년 8월 24일 국제천문연맹은 태양을 도는 행성 중 ▲모양을 원형으로 유지하기 위한 중력과 질량을 갖고 ▲궤도 주변의 다른 천체를 배제하지 못하면서 ▲다른 행성의 위성이 아닌 것들을 '왜행성'으로 정했다. 이 정의에 따라 명왕성은 행성에서 왜행성으로 지위가 떨어졌다.

참고로 왜행성 5개는 다음과 같다. 세레스(1801년 발견), 명왕성(1930년 발견), 에리스(2005년 발견, 2006년 8월 24일 등록), 하우메아(2004년 발견, 2008년 9월 17일 등록), 마케마케(2005년 발견, 2008년 7월 11일 등록)다. 이 중 최근 몇 년 사이에 추가된 것이 세 개다.

태양계의 크기는 오르트 성운을 기준으로 약 1광년, 태양 중력장이 미치는 거리를 기준으로 2광년이다. 1광년은 빛이 1년간 가는 거리, 약 9.5조km다.

천억 개의 별, 태양보다 밝은 별도 무수히 많아

은하수의 지름은 약 10만 광년, 두께는 약 1000광년이다. 약 1000억 개의 별이 있다. 그중 태양보다 더 밝은 별도 무수하다. 은하는 타원형과 나선형, 막대나선형, 불규칙형의 네 가지가 있는데, 우리 은하수는 국부 은하군(Local Group)에서 가장 무겁고 유일한 막대나선 은하다. 은하의 중심부에는 블랙홀이 있다.

우리와 이웃한 안드로메다 은하는 국부 은하군 중 가장 큰데, 약 1조 개의 별로 이루어져 있다. 국부 은하군엔 크고 작은 40개 이상의 은하가 있고 지름은 1000만 광년이다. 이 국부 은하군은 다시 크기 1억 2000만 광년인 '국부 초은하집단'의 일부다. 이것은 또 10억 광년 크기의 은하 필라멘트에 속한다. 이렇게 우주에는 대략 1000억 개의 은하가 있다.

그런데 안드로메다 은하가 우리 은하와 탄생의 기원이 전혀 다르다는 것을 처음 밝혀낸 사람은 미국의 천문학자 에드윈 허블이다. 그는 1923년 10월 4일, 윌슨산 천문대에서 100인치 망원경으로 안드로메다 성운을 촬영했다. 현상해 보니 사진에 흠집 같은 점이 한 개 있었다. 그 점을 확인하려고 다시 사진을 찍었더니, 그 점은 그대로 있고 그 옆에 또 다른 점이 나타났다. 그 점은 신성이고, 새로 나타난 점은 광도와 변광 주기 사이의 관계가 정확해 표준광원으로 사용되는 세페이드(Cepheid)형 변광성이었다.

이웃 은하까지 거리는 250만 광년

천문학자들은 행성까지의 거리를 재는 데 레이더를, 가까운 별의 거리를 재는 데는 시차를 사용한다. 그러나 은하수 바깥의 거리는 측정할 방법이 없다. 그래서 은하수 내의 비슷한 별들의 거리를 비교해 가까운 은하까지의 거리를 재는 '거리 사다리'라는 것을 만들었다. 이를 이용해 지구에서 안드로메다 성운까지의 거리를 추정했더니 90만 광년이었다. 우리 은하의 크기 10만 광년보다 훨씬 컸다. 이것으로 안드로메다가 별개의 은하라는 게 밝혀졌다.

지금은 그 거리가 250만 광년 떨어져 있는 것으로 밝혀졌다. 허블은 천문

막대나선 은하인 우리 은하수(왼쪽)와 우리 은하의 중심부.

사진작가 밀턴 휴메이슨과 46개 은하의 거리를 측정하고 사진을 찍었다. 그래서 별이 지구에서 멀어지면 붉은빛, 가까워지면 푸른색으로 보이는 '적색편이', 즉 도플러 현상을 밝혀냈다. 그리고 더 멀리 있는 은하들을 측정해 은하의 멀어지는 속도가 지구로부터의 거리에 비례한다는 허블의 법칙과 우주가 팽창하고 있다는 이론을 처음 제시했다. 이는 모든 물질과 에너지가 '특이점'에 갇혀있다가 137억 년 전 거대 폭발로 우주가 시작됐다는 빅뱅 이론의 증거가 되었다.

지구에서는 대기와 먼지 때문에 우주의 정확한 모습을 관찰할 수 없다. 그래서 미 항공우주국(NASA)은 별들과 은하계의 형성과 진화, 구조 등을 밝히기 위해 1990년 4월 25일 스쿨버스 크기만 한 천체망원경을 우주로 발사했다. 이 망원경 이름은 허블의 업적을 기려 허블망원경으로 정했다.

그럼 우주의 크기는 얼마나 될까? 지금까지의 연구 결과로 보면 우주는 무한히 크지는 않다. 우주 모양은 팽창하는 풍선 같다. 우리는 팽창하는 풍선의 표면에 살고 있는 것이다. 2011년 노벨물리학상은 미국 캘리포니아대 펄머터와 존스홉킨스대 리스, 호주 국립대 슈미트가 수상했다. 우주가 80억 살이 되면서 갑자기 팽창속도가 빨라진다는 것을 발견한 과학자들이다. 그럼 우주의 나이는 얼마나 될까 그럼 우주의 나이는 얼마나 될까? 137.98 ± 0.37억 년이다. WMAP과 2013년 3월 플랑크 인공위성의 우주 마이크로파 배경 관측 데이터로, 우주상수와 암층물질을 포함하는 표준우주모형에 따라 계산한 나이이다.

은하가 먼저인가 블랙홀이 먼저인가

블랙홀은 질량과 크기에 따라 두 종류가 있다. 하나는 태양보다 수십 배 무거운 별이 진화하다 마지막에 붕괴되며 생기는 것. 또 하나는 질량이 태양의 수백만 내지 수천만 배로 은하의 중심부에 존재하는 거대 블랙홀이다.

국내 연구진을 포함한 국제공동연구팀이 39억 광년 거리의 블랙홀이 별을 삼키는 순간을 포착했다. 강한 중력으로 태양만 한 별을 산산조각 내고, 가스를 빨아들인 후 X선을 수직으로 뿜어내는 그 장면은 거대 블랙홀이다. 거대 블랙홀은 은하의 가스와 별들을 잡아먹으며 몸집이 커진 것으로 추정된다. 이것은 블랙홀이 은하와 함께 성장했다는 것을 의미한다.

그러나 블랙홀과 은하 중 어느 것이 먼저 생겼는지는 아직 모른다. 은하가 먼저 생성된 뒤 블랙홀이 형성돼 은하의 진화와 함께 성장했다는 설과 거대 블랙홀이 먼저 생긴 뒤 가스를 모으고 소용돌이쳐 은하를 생성했을 것이라는 설이다. 전자가 맞는다면 거대 블랙홀은 파괴의 주체이고, 후자가 맞는다면 거대 블랙홀은 별과 은하의 생성이나 생명 탄생의 한 원인이 된다. 블랙홀이나 은하나 우주의 세계는 알면 알수록 모르는 것이 많아지는 신비의 세계다.

소행성 탐사선 하야부사, 7년만의 귀환

2010년 6월 13일 일본의 우주탐사선 '하야부사'가 발사 7년 만에 지구로 돌아왔다. 일본 언론들은 '불사신 하야부사'라며 연일 톱뉴스로 보도하고, 일본 전체가 축제 분위기에 휩싸였다. 어떤 사람들은 감동적인 드라마라며 눈물까지 흘렸다. 일본국립과학박물관은 100일 동안 '하늘과 우주전, 날아라! 백년의 꿈' 특별전시회를 열었다.

왜 하야부사에 열광했을까. 하야부사는 일본 우주항공연구개발기구(JAXA)가 개발한 중량 510kg의 소행성 탐사선이다. 사람들이 열광했던 이유는 크게 세 가지다.

우선 하야부사는 우주 탐험사에 새 이정표를 세웠다. 최초로 지구에서 3억km 떨어진 소행성 '이토카와'에 착륙해 표면 샘플 1500개를 캐서 지구로 돌아왔다. 기간도 7년이나 걸렸다. 비행 거리가 60억km나 된다. 지구에서 태양까지 거리의 40배나 된다.

궤도 이탈 등 시련 극복, 하야부사의 감동 드라마

그렇더라도 그렇게까지 감동적인가. 그렇다. 하야부사가 겪은 극적인 탐사과정 때문이다. 그 과정을 자세히 들여다보면 정말 한 편의 드라마라는 생각이 든다.

2003년 5월 하야부사의 출발은 처음에는 순조로웠다. 먼저 발사 과정. 일본 가고시마 발사대에서 가능한 최대 크기인 로켓 M(뮤)-5의 발사가 성공할지가 첫 관심사였다. 성공. 사람들은 기대에 부풀었다. 그리고 1년 후 2차 관건은 지구 중력을 이용하여 궤도에서 소행성 궤도로 바꿔 타는(swing-by) 고난도 기술. 이것도 성공했다.

그런데 문제가 발생했다. 하야부사의 동력인 이온 엔진 네 개 중 하나가 고장 나 엔진 세 개만으로 갔다. 2005년 9월 목적지인 소행성 이토카와에 도달했다. 지구를 떠난 지 2년 4개월 만이다. 태양을 두 바퀴 돌아서 20억km를 날아간 것. 모두들 환호했다.

예기치 않은 트러블이 여러 번 발생했다. 자세 제어장치가 고장났다. 연료가 샌 자리에 남아 있던 연료가 얼었다가 태양열을 받아 녹으면서 가스로 분출됐다. 그 반동으로 자세가 바뀌면서 안테나 방향이 지구 쪽으로 향하지 못해 통신이 끊겼다. 하야부사가 행방불명되었다는 의미다. 이 상태에서는 태양전지 패널도 태양을 향하지 못해 발전량이 떨어진다. 배터리가 전량 방전되면 치명적이다. 그래도 샘플을 채취하고 지구로의 귀환 길에 올랐다. 연료 누출로 화학엔진 12기 모두 사용 불가, 이온 엔진 4기 중 2기, 리액션 휠 3기 중 2기가 고장인 상태로 말이다.

오는 도중에도 궤도 이탈, 엔진 고장 등 많은 시련을 겪으며 사람들 마음을 졸이게 했다. 그러나 그때마다 인내와 끈기, 기발한 아이디어와 기술로 위기를 극복하며 한 편의 드라마가 연출됐다. 그리고 마침내 만신창이가 된 몸으로 임무를 수행하고 불사조처럼 살아서 지구로 돌아왔다. 복싱 영화 〈록키〉나 액션 영화 〈다이하드〉처럼.

마지막으로 샘플이 담긴 캡슐을 호주 사막에 떨어뜨리고, 하야부사는 대기권에 진입하면서 산화했다. 그 모습은 비록 기계이지만 뭉클한 감동을 주기에 충분했다.

1500개 채취 자료 지구로 투하하고 대기권서 산화

하야부사의 원래 이름은 'MUSES-C(Mu Space Engineering Spacecraft C)'였다. 그러나 발사 305초 만에 행성궤도에 성공적으로 진입하자 JAXA는 이름을 하야부사로 바꿨다. 왜 그랬을까?

하야부사는 일본어로 송골매라는 뜻이다. 그러나 이런 단순 번역만으로는 재미가 없다. 송골매는 매 중에서도 속도가 가장 빠른 놈이다. 시속 300km까지 속도를 낸다. 일본인에게 송골매는 속도의 상징이다. 한국 공군의 상징이 보라매인 것처럼, 하야부사는 일본 항공자위대의 상징이다. 제2차 세계대전에 참여했던 일본 전투기 이름도 하야부사였다.

만약 처음부터 하야부사라는 이름을 붙였다가 첫 단계인 발사에서 실패

하야부사의 샘플 채취 개념도(왼쪽)와 소행성 탐사선 하야부사가 호주 사막에 떨어뜨린 샘플을 회수하는 모습(오른쪽).

라도 하면 일본 우주기술의 자존심이 땅에 떨어지고 우주산업 브랜드의 신뢰도도 나빠진다. 그래서 발사 성공을 확인한 후 바로 이름을 하야부사로 바꾼 것으로 보인다.

하야부사가 샘플을 채취한 소행성 이토카와는 정식 이름이 '25143 이토카와'다. 지구와 화성 사이에 있는 이 소행성은 길쭉한 감자처럼 생겼다. 크기는 약 500m. 1998년 미국 관측팀이 처음 발견했다.

생텍쥐페리가 쓴 〈어린왕자〉에는 여러 개의 소행성이 나온다. 어린왕자는 '소행성 B612'에서 왔다. 그는 소행성 256, 257, 258 등 여러 작은 별들에 차례차례 들르면서 이상한 사람들을 만난다. 그러나 이것들은 번호는 있지만 정식 소행성 명칭은 아니다.

천체에 이름을 붙이는 방법은 여러 가지다. 혜성엔 발견자의 이름을 붙인다. 반면 소행성에는 발견자가 이름을 붙일 수는 있으나 보통 자기 이름은 안 쓴다. 궤도가 확정되면 고유번호와 함께 사람이나 장소 이름을 붙인다.

소행성에 이름이 들어간 로켓 과학자는 '로켓의 아버지'인 러시아의 치올콥스키와 최초의 인공위성 '스푸트니크'와 '보스토크' 개발을 주도했던 소련의 코

롤료프, 그리고 이토카와 세 사람뿐이다.

일본 로켓 개발의 선구자 이토카와 히데오(糸川英夫)는 1935년 도쿄제대 항공학과를 졸업하고, '나카지마 비행기'에서 전투기 하야부사의 개발에도 참여했다. 1953년 미국 유학에서 돌아와 일본 최초의 로켓 '펜슬'을 개발했다. 1955년 처음 발사실험을 한 펜슬은 지름 1.8cm, 무게 230g의 말 그대로 연필 크기만 한 소형 로켓이었다.

놀라운 것은 하야부사 프로젝트에서 보여준 일본의 첨단과학기술이다. 특히 이온엔진은 경이적이다. 이온엔진은 플라스마 분출로 추력을 얻는다. 연비가 매우 높아 화학엔진의 10배가 넘는다. 하야부사의 경우 크세논가스 60kg으로 60억km를 항해하고도 20kg이 남았다. 앞으로 심(深)우주개발의 총아가 될 것으로 보인다.

다음은 카메라로 촬영한 화상과 레이저 고도계로 얻은 거리 데이터를 바탕으로 탐사선이 자율적으로 접근, 착륙하는 기술이다. 소행성 이토카와는지구로부터 3억km 떨어져있다. 광속으로 17분 거리다. 전파로 지시를 보내면 17분이 걸린다. 이래서는 상황 변화에 적절한 대응이 불가능하다. 따라서 하야부사는 자율적으로 행동하는 기능을 갖도록 했다. 그밖에도 '미소중력' 아래 있는 천체 표면의 표본을 채취하는 기술 등 여러 신기술이 채용되었다.

하야부사 2호, 2018년 '류구'에 도착

한편 일본은 2014년 12월 3일 하야부사 2호를 발사해서, 2018년 6월 27일 목표물인 소행성 '162173 류구'에 도착했다. '162173 류구'는 지구 궤도와 교차하는

2014년 12월에 발사된 일본의 하야부사 2호

궤도를 가진 소행성이다. 이것을 탐사하여 물의 기원과 생명의 기원을 알아내는 것이 목표이다.

하야부사 2호는 1호기의 경험을 살려 몇 가지를 보완했다. 우선 자세제어시스템을 4개나 넣었다. 엔진도 강화하고 통신장비, 내비게이션도 강화했다. 소형 로버인 미네르바도 3개에 다른 나라의 것까지 합쳐 7개가 들어갔다. 그리고 샘플 채취도 쇠구슬을 쏘아 튀기는 파편을 수거했던 방식에서 '폭탄'을 터뜨려 표면뿐 아니라 지표면 아래의 성분도 채취하는 방식으로 발전했다. 2019년 귀환을 시작해 2020년 12월 지구에 샘플을 가져올 예정이다

'잃어버린 20년'이라고 부를 정도로 한동안 일본은 경제가 어려웠다. 그러나 그 기간에도 일본은 매년 우주개발에 우리나라보다 10배 이상의 예산을 투입해왔다. 우주산업의 시장 규모는 2018년 기준 약 3600억 달러다. 연평균 성장률은 5.6%, 2026년까지 5558억 달러까지 성장할 것이라고 한다. 우주산업은 최첨단 부품과 소재, 설계·통신 기술의 집합체다. 그 파생산업 규모도 어마어마하게 크다. 미국의 민간기업 스페이스 X와 블루오리진은 항공우주국(NASA)도 생각하지 못한 재사용 로켓을 개발하는 데 성공해 수익성 개선까지 나서고 있다. 그런 가운데 '나노 위성' 같은 초소형 위성들의 수요가 늘고 있다. 우리도 전략적 목표와 비전을 세우고, 우주산업을 바라보는 관점의 전환이 필요하다.

우주로 뻗어 가는
차이나 파워와 우주정거장

"세 가지 시나리오가 있다. 첫째, 중국에 다 먹히는 것. 둘째, 중국에 납품하는 나라로 사는 것. 셋째, 우리 기술력으로 살아남는 것. 절대 과장이 아니다." 정부의 산업정책 담당자 얘기다. 우주항공 분야로 눈을 돌리면 그 말이 실감 난다.

거침없는 중국의 우주개발

2003년 양리웨이 중령이 선저우(神舟) 5호 유인 우주비행에 성공했다.

2005년 선저우 6호에 우주인 두 명이 탑승, 115시간 중국 최장 우주비행 기록을 갱신했다.

2008년 선저우 7호에는 우주인 세 명이 탑승, 역시 우주유영에 성공했다.

중국의 우주정거장 톈궁 1호와 도킹에 성공한 후 지구로 귀환한 선저우 8호.

2011년 9월 29일 실험용 우주정거장 톈궁 1호(天宫一号) 발사 성공.

11월 3일 무인 우주선 선저우 8호가 시속 28,000km로 돌고 있는 톈궁 1호와 도킹에도 성공. 도킹 허용 오차 18cm. 14일 톈궁 1호와 한 번 더 분리했다가 또 다시 도킹 성공. 17일 지구로 무사 귀환.

2012년 유인우주선 선저우 9호 10호 발사, 톈궁 1호 우주정거장에 사람이 체류했다. 2016년 3월부터 통신 두절, 2018년 4월2일 남태평양에 추락. 하지만 2016년 9월, 톈궁 2호를 발사. 톈궁 2호에서 중국 우주인들은 2016년 11월 17일 32일 간의 미션을 마치고 내몽골에 착륙. 2017년 톈궁 2호에 물자를 공급하는 우주화물선 톈저우 1호 발사. 3번의 도킹에 성공하고 지구대기권에 재진입. 2019년 1월, 최초로 달 뒷면에 우주선 창어 4호 착륙 성공. 2020년에는 톈궁 3호 발사 예정. 2020년부터 2023년까지 제3세대 모듈형 우주정거장을 지어 운영할 계획. 2019년 3월 10일, 중국 창정(長程) 계열 운반로켓이 300번째 발사에 성공. 중국 언론들은 전체 성공률 96%, 최근 '37번 연속 발사 성공'이라고 대서특필. 이렇게 우주개발에 대한 중국의 성취와 포부는 거침이 없다.

그러나 중국의 우주기술은 갑자기 이뤄진 것이 아니다. 중국은 1956년 로켓과 추진기관 개발을 국가 과제로 삼고 소련의 지원 하에 본격 착수했다.

1969년 중·소 국경 분쟁으로 관계가 악화되자 독자 개발에 나섰다. 그러다 소련 붕괴 후 94년 러시아와 다시 우주협력협정을 체결했다. 그래서 중국의 선저우 우주선은 러시아 소유스 우주선이 원형이다.

소유스는 발사 후 궤도를 돌며 과학실험을 하는 궤도모듈, 지구로 귀환하기 위한 귀환모듈, 엔진과 연료가 실린 추진모듈의 세 개 모듈로 되어있다. 그러나 중국 것은 두 가지가 다르다.

소유스엔 추진모듈에만 태양전지패널이 있다. 선저우는 궤도모듈에도 태양전지패널이 있어 전력 확보가 훨씬 안정적이다. 추진모듈 없이도 궤도모듈 활동이 가능하다. 그래서 선저우 6호 귀환 후에도 궤도모듈의 사진 촬영이 가능했다. 둘째는 귀환모듈과 궤도모듈 사이에 해치가 있어 서로 오갈 수 있다. 나중에 궤도모듈 끝에 다른 모듈을 도킹시키면 우주정거장처럼 쓸 수도 있다.

로켓 개발 주역 첸쉐썬, 미군 조종사와 교환돼 1955년 귀국

중국 로켓 개발의 선구자는 첸쉐썬(錢學森) 박사다. 1934년 상하이교통대학 졸업 후 미국으로 유학해 MIT에서 석사, 칼텍에서 박사 학위를 받았다. 제트추진연구소(JPL)를 설립한 폰 카르만 교수의 제자다. JPL은 지금 미 항공우주국(NASA) 소속으로 행성탐사 연구를 담당한다.

첸쉐썬은 미사일 연구에 참여해 미 국방과학 기술자문위원회 로켓 부문 책임자가 됐다. 1949년 중국으로 돌아가려 했으나 미국 정부가 막았다. 일본 고다이 도미후미의 책 〈일본과 중국의 우주개발〉에 따르면 미 해군의 한 간

미, 일 등 16개국이 참여하는 국제우주정거장. 완성되면 넓이가 축구장 만하다.

부가 "첸 박사의 능력이 5개 사단에 필적한다. 귀국시킬 바에야 죽이는 게 낫다."는 말까지 했다고 한다. 그러나 6·25 때 중국에 붙잡힌 미군 조종사와 교환돼 1955년 돌아왔다. 당시 국무원 총리 겸 외교부장 저우언라이(周恩來)는 "첸쉐썬 한 사람 귀국시키는 것만으로도 회담의 가치가 있다."고 했다.

귀국 후 그는 국방부에 우주개발을 담당하는 '제5연구원'을 설립했다. 그리고 1964년 10월 원자탄 실험, 1967년 수소폭탄 실험, 1970년 인공위성 발사를 주도했다. 2003년 선저우 5호 발사에도 관여했다. 중국은 장쩌민 주석, 원자바오 총리가 연말에 자택으로 인사를 가고, 후진타오 주석이 병문안을 갈 정도로 그를 존중했다. 그는 2009년 98세로 사망했다.

최초의 우주정거장은 1971년 소련의 살루트 1호

최초의 우주정거장은 1971년 소련의 살루트 1호다. 살루트는 7호까지 발사돼 1991년까지 가동됐다. 미르도 소련이 발사한 우주정거장이다. 1986년부터 2001년까지 다양한 실험에 활용됐다. 주목적은 거주 가능한 우주과학 실험실이었다. 냉전 종료 후 우주왕복선 미르 프로그램이 진행되었다. 미국 우주인과 다른 서방의 우주인들이 미르 우주정거장에 장기간 체류하고 방문하기도 했다.

미국의 첫 번째 우주정거장은 스카이랩이다. 1973년 아폴로계획에 사용했던 새턴V로켓의 3단 궤도모듈에 거주공간을 만들었다. 중간부에 에어록 모듈, 선단부에 다목적 도킹 모듈을 만들고 우주망원경을 장착한 게 스카이랩 1호다. 2~4호는 우주정거장이 아니라 우주인 세 명이 스카이랩 1호에 도킹하기 위한 왕복선이다. 우주정거장은 스카이랩 1호뿐이다.

1973년 스카이랩 2호는 1호의 고장 부분을 수리하고 28일간, 3호는 59일간, 4호는 84일간 체류했다. 체류기간 동안 지구와 태양을 관측하고, 무중력 공간에서의 생리 현상 연구와 무중력에서의 반도체·금속 결정 생성, 생물·미생물 활동 관찰 실험 등을 했다. 지구로 돌아올 때는 도킹모듈의 선단부로부터 아폴로 달착륙선과 같은 방법으로 승무원이 다시 사령선에 갈아타고 왔다. 스카이랩은 1979년 7월 수명을 다했다.

미, 일, 유럽 등 16개국이 참여하는 국제 우주정거장

미국은 소련의 살루트와 미르에 대항하는 '프리덤 우주정거장'을 계획했다. 1990년대까지 지속되다 소련이 해체된 뒤 취소됐다. 대신 미국이 여러 나라를 파트너로 참여시켜 다국적 국제 우주정거장(ISS) 계획을 발전시켰다. ISS는 미국, 러시아, 일본, 브라질, 캐나다와 유럽우주국의 프랑스, 독일, 이탈리아, 영국, 벨기에, 덴마크, 스웨덴, 스페인, 노르웨이, 네덜란드, 스위스 등 모두 16개국이 참여했다. 1998년 11월 20일 러시아의 컨트롤 모듈 자리야(새벽) 발사를 시작으로, 12월 미국이 연결 모듈인 유니티 발사에 이어 2000년 7월 세 번째 모듈 즈베즈다(별)가 발사되고 2000년 11월 첫 우주인이 도착했다. 현재 질량은 약 450톤, 길이 72.8미터, 폭 108.5미터이다. 2019년 3월까지 우주정거장에 체류한 우주인은 총 236명이다. 예산 문제로 2024년까지는 운영될 것으로 보이지만, 그 이후는 아직 알 수 없다. 국제우주정거장은 고도 약 400km(정확히는 340.5~432.7km)에서 지구 궤도를 하루에 15.54번, 시속 27,600km의 속도로 돌고 있다. 총알보다 8배 이상 빠르다.

한국의 우주 개발, 본격적인 관심과 투자 필요

우주 개발에는 세 가지 기술이 필요하다. 첫째 발사 기술, 둘째 우주에서의 활동 기술, 셋째 귀환 기술이다.

한국도 전남 고흥에 '나로 발사기지'를 만들었다. 2018년 11월에는 1단 로켓 한국형 발사체 개발에 성공했다. 2010년부터 2022년까지 총예산 1조9572억 원을 들여 추진하는 한국형 발사체(KSLV-Ⅱ) '누리호' 개발 사업이 절반의 성공을 한 것이다. 그러나 중요한 것은 2021년 예정인 한국형 발사체 본 발사의 성공이다. 우주산업은 2001년보다 5배 가까이 성장했다. 미국 블루오리진과 스페이스 X의 1단 로켓 회수 성공으로 발사체의 재사용도 가능해졌다. 재사용 발사체는 전체 중량이 10% 증가하지만, 회당 발사 비용은 30% 이상 절약된다. 상업용 인공위성은 점차 소형화하고, 더 자주 발사할 것이다. 발사체뿐만 아니라 인공위성을 비롯한 우주 개발에 본격적인 관심과 투자가 필요하다.

민간 우주 관광 시대, 지구 최강 기업들의 경쟁 드라마

2021년 7월 새로운 우주 관련 이슈가 대중의 관심을 완전히 장악했다. 바로 '민간 우주 관광 시대의 개막'이다. 우주 관광은 어렵고도 무거운 주제다. 대중들의 실생활과 별로 관계도 없어 보인다. 그런데 순식간에 대중들은 그들에게 매료되었다. 그 이유가 무엇일까? 7월 1일부터 3개의 지구 최강 우주 기업들이 자신들만의 우주 관광 계획과 시험비행 뉴스들을 경쟁적으로 뿜어냈기 때문이다.

제프 베조스·리처드 브랜슨·일론 머스크, 우주 경쟁이 시작됐다!

그 주인공들은 블루 오리진의 제프 베조스와 버진 갤럭틱의 리처드 브랜슨, 스페이스 X의 일론 머스크다. '버진 갤럭틱', '블루 오리진', '스페이스 X'라

우주 관광 시대를 열어가는 스페이스 X 회장 일론 머스크와 블루 오리진의 제프 베조스. 이들은 각각 전기차 테슬라와 온라인 쇼핑몰 아마존의 CEO이기도 하다.

는 기업을 모르는 사람은 있어도, 이들 CEO의 이름을 모르는 사람은 없다.

블루 오리진의 회장은 제프 베조스다. 온라인 쇼핑몰 아마존의 창업자다. 빌 게이츠를 제친 4년 연속 세계 1위 부자다. 얼마만큼 부자냐 하면, 부인과 이혼을 했는데 그 위자료만으로 전 부인은 세계 부자 순위 22위가 되었다.

버진 갤럭틱의 회장은 리처드 브랜슨. 영국 버진 그룹의 회장이다. 그는 각종 괴짜 퍼포먼스로 마케팅을 해온 사람이다. 그는 서슴없이 말한다. "버진 그룹은 '즐거운 삶'이란 가치를 파는 회사다."라고. 그러면서도 전 세계에 400여 개의 기업을 운영하고 있다. 자기 개인 재산만 57억 달러. 6조 원이 넘는다. 2000년에는 영국 여왕으로부터 기사 작위도 받았다.

또 한 사람은 일론 머스크다. 그는 스페이스 X의 회장이다. 전기차 테슬라의 창업자이기도 하다. 전 세계의 자동차를 전기차로 바꿔나가는 최고의 혁신가다. 2021년 7월, 포브스 선정 세계 2위 부자가 되었다. 2021년 1월에는 잠시 1위보다 더 부자였던 날들도 있었다.

이 세 사람이 아무도 해본 적 없는 우주 관광이라는 하나의 영역에서 서로 경쟁을 본격화했다. 이 얼마나 멋진 이벤트인가? 과연 그들 중 누가 성공하고 누가 승자가 될까? 이것이 우선 사람들의 관심을 끌기에 충분했다.

톱스타들답게 이들은 경쟁하는 방식도 다르다. 2021년 리처드 브랜슨은 71세, 제프 베조스는 57세, 일론 머스크는 50세다. 나이 차가 있음에도 이들은 상대를 인정하고 친구로서 대한다. 때로는 격려하고, 때로는 견제도 하면서 경쟁은 열정적으로 한다. 세 사람이 경쟁하는 것은 우주 관광이지만 방식도 목표도 서로 다르다.

리처드 브랜슨은 '스페이스십 원' 방식

리처드 브랜슨은 '스페이스십 원(Spaceship One)' 방식이다. 수직으로 로켓을 쏘아올리는 방식이 아니다. 버진 갤럭틱의 우주선은 모선 비행기와 우주선으로 되어 있다. 모선 비행기가 우주선을 매달고, 활주로에서 수평으로 이륙을 한다. 그리고 13.6km(5만 피트) 상공에서 우주선이 모선 비행기에서 분리되면서 로켓엔진이 점화된다. 바로 우주선은 마하 3.0의 속도로 대기권 가장자리를 차고 오른다. 고도 86km에서 약 4분 정도 무중력을 체험한다. 그리고 글라이딩 방식으로 다시 대기권으로 들어와 공항 활주로로 착륙한다.

이 스페이스십 원 시스템을 개발한 사람은 마이크로소프트의 공동창립자 폴 앨런(Paul G. Allen)과 전설적인 비행기 설계자 버트 루탄(Burt Rutan)이다. 이들은 2004년 이 스페이스십 원으로 3번이나 고도 100km 이상의 우주에 도달했다가 무사히 공항에 착륙했다. 모선에서 분리되어 낙하하면서 점화하는 방식은 이미 오래된 방식이다. 1947년 척 예거가 '벨 X-1'을 타고 최초로 초음속 비행에 성공했을 때 사용한 방식이다.

스미스소니언 항공우주박물관에 전시된 스페이스십 원

스페이스십 원은 개인이 개발한 재사용 가능한 우주선의 반복 비행으로 1천만 달러의 '안사리 X 상(Ansari-X Prize)'을 수상했다. 2004년에는 항공 또는 우주 비행 분야에서 가장 위대한 업적을 남긴 사람에게 주는 '콜리어 트로피(Collier Trophy)'와 미국국립항공우주박물관의 트로피(National Air and Space Museum Trophy for Current Achievement)도 받았다.

이 스페이스십 원의 성공을 보고 리처드 브랜슨은 기술 인수 및 협력 계약과 함께 '버진 갤럭틱'을 설립했다. 스페이스십 원은 2005년 폴 앨런이 스미스소니언 항공우주박물관에 기증했다. 지금 현재도 박물관 1층 로비 '비행의 이정표' 전시실에 간판 전시물로 전시 중이다. 스페이스십 원의 주요 성과는 최초의 상업용 우주 비행이라는 점이다.

제프 베조스는 '전통 로켓 + 유인 캡슐' 방식

제프 베조스는 '전통 로켓 + 유인 캡슐' 방식이다. 블루 오리진의 '뉴 셰퍼드(New Shepard)' 로켓이 6인승 유인 우주선 캡슐을 탑재하고 서부 텍사스 반혼(Van Horn) 마을 근처의 블루 오리진(Blue Origin) 발사장에서 발사된다. 로켓이 100km 고도에 도달하면, 캡슐이 로켓에서 분리된다. 분리된 로켓은 다시 발사했던 장소로 역추진 방식으로 돌아온다. 재사용이 가능하다.

4명이 탄 캡슐은 최고 고도 107km까지 올라갔다가 내려오면서 3분간 무중력을 체험한다. 캡슐이 돌아올 때는 낙하산이 펴져서 텍사스의 사막지대로 착륙한다. 캡슐 안이 좁은 것이 좁은 것이 약점이다. 그러나 베조스는 자기네 우주 관광이 100% 자동제어임을 강조한다. 조종사도 별도로 필요가 없다. 베조스는 주장한다. "리처드 브랜슨은 86km까지만 올라갔다. 우리는 107km까지 올라갔다 왔다. 이게 진짜 우주 관광이 아닌가."

제프 베조스는 2000년 9월 블루 오리진을 창업했다. 아마존 창업 6년 후다. 우주 비행은 은밀하게 10년을 준비했다. 로켓 이름은 뉴 셰퍼드. 1961년 미국 NASA 최초의 유인 우주비행사 앨런 셰퍼드의 이름을 따서 지었다. 뉴 셰퍼드는 2015년 4월 준궤도 우주로 처음 발사되었다. 캡슐은 계획대로 무사히 착륙했다. 그러나 로켓은 착륙 시도 중 추락했다. 그해 11월 베조스는 발사한 로켓이 되돌아와 수직으로 착륙하는 실험에 성공했다. 최초다. 이것으로 발사비용을 획기적으로 줄일 수 있는 길이 열렸다.

2021년 7월 미국 텍사스주 서부 사막지역에서 발사된 우주선 블루 오리진의 '뉴 셰퍼드'가 지구와 우주의 경계인 카르만 라인을 돌파해 무중력 상태에 돌입한 후 귀환했다.

제프 베조스는 이번 시험비행에서 탑승객의 구성에도 신경을 썼다. 한 사람은 본인, 다른 한 사람은 그의 동생이다. 그런데 나머지 두 사람이 특별하다. 한 사람은 82세의 월리 펑크(Wally Funk). 이번 우주 관광으로 그녀는 최고령의 여성 우주인이라는 타이틀을 얻었다. 나머지 한 사람은 네덜란드의 18살 청년 물리학도다. 그는 최연소 우주인이 되는 행운을 갖게 되었다.

블루 오리진은 7월 18일 일요일 사전 발사 기자 회견에서 올해 2개의 유인 뉴 셰퍼드 임무를 더 시작할 계획이며 다음 임무는 9월 또는 10월을 목표로 한다고 말했다.

일론 머스크도 '전통 로켓 + 유인 캡슐' 방식, 그러나 고도가 다르다

한편 일론 머스크의 스페이스 X는 베조스와 기본적으로는 같다. 로켓에 유인 캡슐을 실어 우주에 다녀오는 방식이다. 하지만 고도가 다르다. 그는 2021년 9월 스페이스-X의 유인 우주선 '크루 드래곤'을 발사할 계획이다. '크루 드래곤'은 540km 상공에서 3일간 지구 궤도를 돌고, 지구로 귀환한다. 여기에는 민간인 4명이 탑승한다.

또 스페이스 X는 2022년에 우주 기업 액시엄 스페이스와 손잡고 크루 드래곤에 민간인을 태워 400km 상공 국제우주정거장으로 보낼 예정이다. 그리고 2023년에는 일반인의 달 관광도 계획 중이다.

스페이스 X는 민간 항공우주 기업 중에서 가장 앞서있다. 실적도 많다. 2008년 민간 액체 추진 로켓 '팰컨 1'을 세계 최초로 지구 궤도에 올렸다. 2010년에는 우주선 드래곤을 발사, 궤도 비행 후 회수에 성공했다. 2012년에는 우주선 드래곤을 국제우주정거장에 도킹시켰다. 이것 역시 민간 항공우주 기업으로는 세계 최초다.

또 2015년에는 로켓 1단 부스터를 역추진해 착륙시키는 데 성공했다. 그리고 이것을 2017년 로켓 발사에 재사용했다(2017년 팰컨 9). 2017년 3월까지 스페이스 X는 화물 재보급 계약의 일환으로 국제우주정거장에 총 10대의 우주선을 발사했다. 2018년에는 부스터로켓 2대가 동시에 발사자리로 돌아오는 데에도 성공했다.

2019년에는 역사상 가장 값비싼 인공위성을 발사했다. 2020년 5월에는 국제우주정거장으로 우주인을 보낸 최초의 민간 기업이 됐다. 이게 85차 발사 기록이다. 2021년 6월에는 국가 안보 임무용으로 최초의 재사용 부스터를 발사했다. 2020년 7월까지 스페이스 X는 약 85회 이상 로켓을 발사했다. 성공률은 97.8%다. 그의 목표는 우주선 발사비용을 10분의 1 수준으로 낮추고, 우주여행의 안정성을 높이는 것이다.

가장 발이 빠른 사람은 버진 갤럭틱의 리처드 브랜슨

이번 우주 관광 경쟁에서 일단 발이 가장 빨랐던 사람은 리처드 브랜슨이다. 그는 7월 11일 오전 7시 40분, 버진 갤럭틱의 모선 비행기(VMS 이브)가 우주선(VSS Unity)을 매달고 하늘로 날아올랐다. 우주선은 13.6km 상공에서 모선으로부터 분리된 후 로켓엔진을 점화했다. 그래서 마하 3.0의 속도로 고도 86km에 도달했다. 그들은 4분간 무중력 체험을 하고 돌아왔다.

이 우주선 안에는 조종사 2명과 브랜슨 회장, 그리고 회사 임원 3명, 모두

우주 관광 시대 스타트, 버진 갤럭틱 발사 전

6명이 함께 탑승했다. 500여 명의 관중이 발사 장면을 지켜보았다. 이 상황은 모두 유튜브로 실시간 중계됐다. 버진 갤럭틱의 우주 관광 티켓 가격은 25만 달러다. 그러나 브랜슨은 이 시험비행 성공 후 앞으로 우주에서 시간을 최대한 활용할 수 있는 3일짜리 프로그램을 만들 예정이라고 밝혔다. 그럴 경우 가격은 45만 달러를 넘을 것이라고 한다.

이제 바야흐로 '민간 우주 관광 시대'의 막이 올랐다. 이번 이벤트의 전개 과정은 매우 흥미로웠다. 진행 속도도 빨랐다. 그러나 여전히 긴장과 궁금증을 불러일으킨다. 일론 머스크의 우주 관광은 어떤 결과가 나올지도 궁금하다. 여전히 우주 관광의 성패는 예측을 불허한다. 지금 단계에서는 뭔가 만족하지 않을 수도 있다.

그러나 우리는 경험으로 안다. 라이트 형제의 그 짧은 유인동력비행 성공이 오늘의 항공 시대를 열었음을. 고다드 박사의 액체로켓 실험이 오늘날 우주 탐사의 바탕이 되었음을. 그리고 기대가 된다. 새롭게 가지를 치면서 뻗어나갈 우주산업 시대의 모습이. 앞으로 2040년이면, 민간 우주산업의 시장 규모가 1조 달러가 될 것이라고 한다.

4

우리 곁에 있는 과학

소아마비를 이긴 사람들

지금까지 올림픽에서 금메달을 가장 많이 딴 선수는? 정답은 수영선수 펠프스다. 금메달 12개. 그러나 2008년 베이징 올림픽 이전 100년 동안 이 질문의 주인공은 레이 유리였다.

1900년, 1904년, 1908년 올림픽 육상 3종목 3회 연속 석권으로 금메달 8개를 땄고 1906년 국제올림픽위원회(IOC) 중간올림픽 금메달 두 개를 추가해 모두 10개의 금메달을 딴 것이다. 종목은 육상의 제자리높이뛰기·제자리멀리뛰기·제자리세단뛰기(1908년 폐지). 그래서 그의 별명은 '인간 개구리'였다.

올림픽 금 10개 레이 유리, 여자 육상 3관왕 윌마 루돌프

레이 유리는 놀랍게도 장애인이었다. 일곱 살 때 소아마비를 앓아 휠체어를 타고 다녔다. 그가 할 수 있는 유일한 운동은 서있는 자세에서 껑충 뛰어오르는 일뿐이었다. 레이는 이렇게 말했다. "오직 휠체어에서 떨어져있고 싶어서 점프를 계속했다."

만약 1908년에도 제자리세단뛰기가 올림픽 종목으로 계속 남아있었고 나머지 두 종목도 그 다음까지 계속 존재했다면 레이의 기록은 아직까지도 깰 사람이 없었을 것이다.

1960년 로마 올림픽에서 미국의 흑인 여자 선수 한 명이 단거리 육상 종목을 휩쓸었다. 여자 육상 100m, 200m, 그리고 400m 릴레이에서 3관왕을 차지한 윌마 루돌프다. 그녀는 네 살 때 소아마비를 앓아 왼쪽 다리가 한쪽으로 휘기 시작했다. 그래서 열한 살 때까지 제대로 걷지 못하는 장애인이었다. 그러나 불굴의 의지로 재활치료를 받아 육상선수가 되었고 올림픽에서 무려 세 개의 금메달을 땄다. 윌마 루돌프는 이렇게 말했다. "의사들은 다시 걸을 수 없을 거라고 말했다. 그러나 어머니는 할 수 있다고 말씀하셨다. 나는 어머니를 믿었다."

자신의 몸을 실험 대상 1호로 백신 개발한 조너스 소크

소아마비는 전염력이 매우 강한 폴리오바이러스에 감염되어 발병한다. 바이러스가 뇌와 척수의 걷기 관련 신경세포를 공격한다. 이 신경세포가 파괴되면 마비가 온다. 심할 경우 생명을 잃기도 하고, 후유증으로 다리 등의 마비가 오기 때문에 감염자 200명 중 한 명이 장애인이 된다.

소아마비 장애인들은 휠체어나 목발을 이용해야 한다. 소아가 흔히 걸렸으므로 소아마비라는 병명이 붙었다.

에이즈가 나타나기 전까지 소아마비는 20세기의 가장 악명 높은 질병이었다. 미국에서만 매년 5만 8000명의 소아마비 환자가 발생했다. 뉴욕의 일간지에서 '오늘의 소아마비 환자 발생 수'를 매일 보도할 정도였다.

1952년 3월 26일 조너스 소크가 백신을 개발했다. 원숭이의 신장 세포에서 배양한 바이러스를 포르말린으로 죽여서 주사 방식의 백신을 만들었다. 이때 소크는 자신의 몸을 실험대상 1호로 삼았다. 공개 실험접종 3년 만인 1955년 4월 12일 미국 정부가 이 백신의 안전성과 효과를 인정했다.

이어 앨버트 사빈이 살아있는 바이러스를 이용해 백신을 개발했다. 이것은 경구용 생백신, 즉 먹는 백신이다. 이 먹는 백신이 효과는 더 우수한데, 생백신이다 보니 아주 드물게 백신 때문에 소아마비가 발병하는 수가 있다. 그래서 소아마비가 유행하지 않은 나라들에서는 주사용 백신만 사용한다.

1988년부터 세계보건기구(WHO)는 소아마비 근절 운동을 시작했다. 그 결과 120개국 이상에서 유행하던 소아마비 발병률이 99% 이상 감소했다. 현재는 대부분이 인도·나이지리아·파키스탄에서 발병하는데, 전체의 76%가 나이지리아다.

우리나라도 1950년대까지 매년 2000명의 환자가 발생했다. 1960년대 후반 우리나라에도 예방접종이 실시되면서 한 해 200명 정도로 줄다가 84년부터는

제자리높이뛰기를 하는 레이 유리. 그는 소아마비 장애인으로 올림픽 금메달 8관왕이 되었다.

소아마비를 극복한 1960년 올림픽 여지육상 3관왕 윌마 루돌프(왼쪽)와 소아마비 백신을 개발한 조너스 소크(오른쪽).

환자 발생이 없어졌다. WHO는 1994년 서유럽에서, 2000년 우리나라를 포함한 서태평양 지역에서 소아마비 근절을 공식 선언했다.

WHO는 해마다 7조 원 정도를 소아마비 근절 사업에 투입한다. 그중 미국이 매년 1조 6000억 원(14억 달러)을 후원하고, 빌 게이츠가 운영하는 '빌 앤드 멀린다 재단'도 지금까지 약 3500억 원을 기부했다. 국제로터리클럽도 '폴리오플러스 소아마비 박멸운동'으로 후원하고 있다.

의학적 이슈에서 사회적 이슈로 발전

2002년부터 5년간 스미스소니언박물관은 소아마비 백신 발견 50주년 기념 전시를 열었다. 이 전시에서는 환자의 시각에서 이야기하는 소아마비, 그 가족들의 이야기, 그리고 그들이 미국 사회 안에서 일으킨 변화 등을 보여주었다.

소아마비는 의학적 이슈에서 사회적 이슈로 발전했다. 장애인에 대한 차별과 인권문제들이 제기되었고 장애인들의 일상생활에 불편을 주는 건물 설계, 출입문 설계 등도 바뀌기 시작했다. 장애인 돕기, 백신 개발을 위한 모금운동

1988년부터 WHO가 벌인 소아마비 박멸운동으로 발병률이 90% 감소했다. 사진은 소아마비 예방주사 캠페인.

도 본격적으로 전개되었다.

미국을 전쟁과 경제위기에서 구한 프랭클린 루스벨트 대통령은 상원의원을 지낸 후 벤처사업을 하던 38세에 소아마비에 걸렸다. 캐나다의 뉴브런스윅의 캠포 벨로섬에서 휴가를 보내던 중 물에 빠진 탓에 감기에 걸렸다. 그날 저녁 병세가 심해져 3일 만에 흉부 아래 전신이 마비되었다. 척수성 소아마비였다. 상체 근육은 회복됐지만 허리 아래가 마비되었다. 7년간 좌절하다가 절망을 딛고 뉴욕 주지사에 당선되어 결국 휠체어를 탄 채 대통령이 되었다. 그는 국립소아마비재단(10센트의 행진)을 설립하고 소아마비 장애인들을 돕고 치료법을 찾아내기 위해 수백만 달러를 모금했다.

소아마비 모금운동을 위해 트럼펫 연주를 하는 루이 암스트롱, 백신 주사를 맞는 엘비스 프레슬리 사진 등 많은 이야깃거리가 나온다. 미국 스미스소니언박물관에서는 퇴직한 과학자와 함께 아이들이 바이러스의 특성 등을 알아보고, 직접 소아마비 백신 개발 실험을 할 수 있는 '핸즈온(Hands On)' 센터를 소아마비 전시실 바로 옆에 설치했었다. 비록 소아마비는 대부분 근절됐지만, 아직도 인류는 에이즈를 비롯해 여러 종류의 질병을 일으키는 바이러스와의 전쟁을 치러야 하기 때문이다.

지구온난화에 신음하는 바다

바다는 지구 표면의 약 4분의 3을 차지한다. 그런 바다를 우리는 얼마나 알고 있을까.

'바다' 하면 우선 수평선과 배, 거센 파도와 물고기, 상어, 고래, 산호초와 심해의 알 수 없는 생물들 같은 게 생각난다. 하지만 인류의 해양탐사는 아직 시작에 불과하다. 조금 더 생각해보면 바다만큼 우리가 모르고 있는 것도 드물다. 바다의 중요성을 알리기 위해 정부는 1996년 5월 31일을 '바다의 날'로 정했다. 이 날은 신라시대 장보고 대사가 청해진을 설치한 날이다.

지구생명체, 35억 년 전 바다에서 탄생

2004년부터 분류학에서는 지구 생명체를 생명>계>문>강>목>과>속>종으로 분류한다. 가장 큰 단위인 계(界)는 동물·식물·균류·원생동물·크로미스타·세균 6계로 나눈다. 계 바로 아래가 문(門)이다.

호주 생물학자 앤드루 비티에 따르면 지구상에서 발견된 동물엔 37개 문(門)이 있다. 그중 바다 동물의 문은 28개, 그 가운데 14개는 육지나 민물에서는 볼 수 없는 것들이다. 거꾸로 육지 동물 문은 11개인데 그중 땅 위에서만 발견되는 것은 단 한 가지다. 그만큼 바다는 생물 다양성의 보고라는 의미다.

미국 스미스소니언 자연사박물관 측은 "적어도 35억 년 전 단세포 미생물과 함께 바다에서 생명이 시작됐다는 증거가 있다."고 말한다.

수온 1도 오르면 체감 온도 8도 올라, 물고기에겐 '열탕' 수준

우리나라의 바다로 이야기를 좁혀보자. 수산과학원 연구원에 따르면 우리나라 근해에서는 약 1080종, 일본 근해에서는 약 3000여 종의 어종이 잡힌다. 그러나 최근에는 일본에서만 잡히던 어종도 일부 국내에서 잡힌다. 대신 전엔 우리 바다에서 많이 잡히던 고기 중 잘 안 잡히는 게 있다. 지구온난화로 바

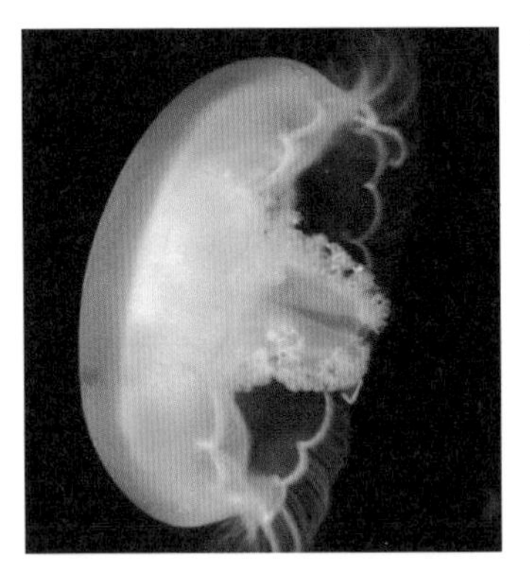

미국 몬터레이 수족관에 전시된 해파리.

뉴욕에 있는 미국 자연사 박물관의 해양전시관.

닷물의 온도가 올라갔기 때문이다.

기후변화포럼에서 발표한 국립수산과학원 자료에 따르면 1968년과 비교하면 2008년 한반도 근해의 수온은 41년간 섭씨 1.31도나 상승했다. 그래서 초대형 노랑가오리류, 보라문어, 고래상어, 붉은바다거북, 흑새치 같은 아열대성 어종이 연근해에서 종종 발견된다. 겨울철 제주 해역과 남해안에 주로 형성되던 오징어 어장은 1990년대 후반 들어 동해안 전 지역으로 확대되었다.

술안주로 딱인 쥐포의 원료 쥐치는 1970년대에는 연간 800만 톤이 잡혔다. 그러나 2007년에는 겨우 7500톤이다. 이 쥐치가 예전에는 남해 삼천포에서 잡혔는데 요즘은 동해 함흥에서 잡힌다. 해파리의 천적인 쥐치 같은 어종이 사라지니까 맹독성 해파리가 서해 태안반도와 강원도 동해 앞바다에도 나타난다.

수온 1.3도 상승이 뭐 그리 심각한 문제냐 싶지만 그게 아니다. 수온이 1도 오르면 물고기의 체감온도는 8도가 상승한다. 다르게 비교해볼 수도 있다. 공중목욕탕에 가면 온탕과 열탕이 있다. 보통 온탕에는 잘 들어가지만, 열탕은 뜨거워서 아예 들어가지 않는 사람들도 있다. 그런데 온탕과 열탕의 온도 차가 불과 3~4도밖에 안 된다.

그렇게 생각하면 수온 1.3도 상승은 11도쯤 상승한 셈이다. 바닷물고기에겐 삶아지는 느낌이어서 달아날 수밖에 없었을 것이다. 한국의 체감 평균 기온이 그만큼 상승했다면 모두 시베리아로 이사 가려고 난리일 것이다.

바다, 우리가 탐구하고 지켜야 할 생명의 터전

바다를 연구하는 사람들에게 산호는 중요한 자료다. 산호를 보면 그 바다의 상태를 알 수 있다. 산호는 단세포 동물인데 광합성을 한다. 광합성 물질을 삼켜 몸속에서 광합성을 일으키게 한다. 그리고 필요한 영양을 섭취하며 공생한다. 산호는 칼슘이 필요하면 칼슘을 섭취하고 탄산칼슘을 몸 밖으로 배출한다. 산호가 많이 모여있는 곳에 산호의 유해와 탄산칼슘이 쌓여 산호초가 된다.

산호초는 1년에 약 3mm 정도 자란다. 그래서 보통 산호초가 발견되면 그 나이는 적어도 500년은 넘은 것이다. 산호 면적은 바다의 0.2%에 불과하지만

스미스소니언 자연사박물관
해양전시관에 전시된 고래와 거북

물고기 4000종을 포함해 모두 100만 종 이상의 해양 생물에게 삶터를 제공하고 있다. 이런 산호마저도 지구 온난화에 따른 기후 변화로 멸종 위기에 처해 있다.

바닷물은 짜다. 그래서 민물고기와 바닷물고기는 몸의 기능이 다르다. 민물고기는 몸속 소금 농도가 민물보다 높아 삼투압 현상 때문에 물이 고기의 몸속으로 들어온다. 수분이 많아지면 콩팥이 흡수해 오줌으로 배설한다. 그러다 정 목이 마르면 아가미를 통해 외부의 수분을 흡수한다.

바닷물고기는 물고기 몸속보다 바닷물의 소금 농도가 높아서 배추가 소금에 절듯이 몸에 있는 수분이 밖으로 빠져나간다. 이것을 조절하려고 바닷물고기는 바닷물을 입으로 마신 뒤 아가미가 물은 흡수하고 염분은 걸러낸다.

그러나 은어, 연어 같은 물고기는 강에서 태어나 바다로 가서 바다에서 살다가 다시 강에 와서 알을 낳는다. 또 뱀장어는 강에서 살다가 알을 낳기 위해 바다로 간다. 이런 어종은 민물고기와 바닷물고기의 기능을 모두 가지고 있다. 이들 물고기를 기수어, 민물고기는 담수어, 바닷물고기는 해수어라 부르기도 한다. 바다엔 그렇게 신기한 '기능'들이 그득하다. 물고기의 종류는 2만 1600여 종이나 된다. 이중 담수어가 41%, 해수어가 58%, 기수어가 1% 정도로 분포하고 있다.

요즘도 5년마다 전 세계 학자들은 한 배를 타고 1년간 세계일주를 하며 바다의 어종들을 조사한다. 놀라운 것은 그때마다 약 1000여 종의 새로운 어종이 잡힌다는 사실이다. 그래서 바다는 여전히 미지의 세계다. 그리고 우리가 탐구하고 지켜가야 할 생명의 터전이다.

여름 불청객, 모기와 말라리아

여름철이면 도시나 농촌 가릴 것 없이 모기가 극성이다. 최근에는 겨울에도 대도시에서 모기가 들끓어 지자체에서 모기 퇴치에 나섰다는 소식도 들린다.

모기에 물리면 못 견디게 가렵고, 긁으면 피부가 부풀어 오르면서 피가 나기도 한다. 웬만하면 참거나 약을 발라 증상을 완화시키지만, 종류에 따라서는 목숨을 잃는 경우도 있다.

알렉산더·칭기즈칸도 모기 앞에선 '나약한 인간'

기원전 323년 6월 10일 알렉산더 대왕이 바빌론에서 사망했다. 32세의 젊은 나이였다. 그의 사인을 두고 독살설 등 여러 가지 설이 있었다. 그러나 최근학자들은 모기의 일종인 말라리아 때문이라고 생각한다. 알렉산더 전문가인 영국의 앤드루 척은 그 근거로 알렉산더 대왕이 죽기 2주일 전 배를 타고 바빌론 교외의 늪지대를 순찰했던 사실을 든다. 이 지역은 지금도 말라리아가 창궐하는 지역이다. 말라리아의 잠복기가 9일에서 14일이니까 딱 들어맞는다.

가장 큰 제국을 건설했던 인물인 칭기즈칸의 사망원인도 명확하진 않지만 말라리아를 앓다 죽었다는 설이 유력하다. 그래서 말라리아 희생자 자료에 그의 이름이 등장한다.

〈로마인 이야기〉의 작가 시오노 나나미가 쓴 소설 중에 〈체사레 보르자 혹은 우아한 냉혹〉이라는 책이 있다. 체사레 보르자는 마키아벨리가 〈군주론〉을 쓸 때 모델로 삼았던 실존 인물이다. 당시 교황 알렉산드르 6세의 아들로, 이탈리아 통일을 꿈꾸는 젊고 잘생긴 유력한 야심가였다. 천재인 레오나르도 다빈치도 그를 찾아가 도시계획을 논의한다. 그러나 그의 꿈도 아버지인 교황 알렉산드르 6세가 말라리아로 죽으면서 좌절되었다. 결국 말라리아 때문에 대제국 건설의 큰 꿈들이 좌절되고 인류 역사가 크게 바뀐 셈이다.

이밖에도 말라리아로 사망한 역사적 인물들은 로마 황제와 유럽의 왕, 교황들을 포함해 일일이 열거할 수 없을 정도로 많다. 테레사 수녀, 〈신곡〉을 쓴 단테, 성 어거스틴도 모두 말라리아의 희생자다.

말라리아에 걸려 고통 받았던 사람들도 인도의 간디, 베트남의 호치민 등 무수히 많다. 미국의 대통령 중에서도 초대 조지 워싱턴, 5대 제임스 먼로, 7대 앤드루 잭슨, 16대 링컨, 그랜트, 가필드, 시어도어 루스벨트, 심지어 케네디까지 8명이나 말라리아를 앓았다. 조지 워싱턴은 일생 동안 다섯 번이나 말라리아를 앓았다는 기록이 있다.

세계 인구 절반이 말라리아 감염 위험 지역 거주

지난 100년 동안 말라리아로 죽은 사람이 1억 5000만 명에서 3억 명 사이라고 한다. 20세기 초 인도에서는 사망자의 반 이상이 말라리아로 죽었을 것으로 추정된다. 세계보건기구(WHO)에 따르면 세계 인구의 절반 이상인 33억 명이 말라리아 위험지역에 살고 있다. 주로 아프리카, 인도, 동남아 등이다.

2008년에만 18개 나라에서 2억 4700만 명이 말라리아에 걸렸다. 그중 사망자가 200만~300만 명이다. 우리나라에서도 연간 약 4000명의 말라리아 환자가 발생한다. 세계보건기구(WHO)에 따르면 2009년 약 100개국에서 78만 1000명이 말라리아로 목숨을 잃었다.

그래서 WHO는 매년 4월 25일을 '말라리아의 날'로 정하고, 말라리아 퇴치에 앞장서고 있다. 지구상에서 말라리아를 퇴치한다는 목표를 세웠다. 말라리아가 모기에 의해 옮겨진다는 사실이 밝혀진 것은 20세기 들어서다. 그 전에는 공기로 전염되는 줄 알았다. 그래서 말라리아라는 병 이름도 이탈리아어 중에서 나쁘다는 뜻의 접두어 'mal'과 공기라는 뜻의 'aria'가 합쳐진 단어다.

말라리아는 '플라스모디아'라는 단세포 열원충이 핏속에 기생하면서 병을 일으킨다. 이 열원충이 핏속 적혈구에 살면서 분열하다 적혈구를 파괴하고 나온다. 이때 사람 몸에 섭씨 40도 이상의 고열이 난다. 이들은 새로운 적혈구 안으로 들어가 같은 일을 반복한다. 그런데 열원충이 분열하고 적혈구를 파괴하는 일이 일정 시간 간격을 두고 반복되기 때문에 주기적으로 열을 내게 된다.

지구상에서 주기적으로 고열을 내는 병은 말라리아가 유일하다. 이 열원충

중국 국립영화박물관의
모기 흡혈 장면 특수 촬영.
모기가 자기 팔을 무는 장면을
작가가 직접 촬영하고 있다.
오른쪽은 흡혈 모기.

은 네 종류가 있는데, 그 종류에 따라 열을 내는 주기도 다르다. 우리나라에서 주로 유행하는 것은 삼일열원충으로 하루걸러 한 번씩 열을 낸다.

말라리아와 관련된 연구로 노벨상을 받은 과학자들도 있다. 첫 번째 수상자는 영국의 로널드 로스다. 그는 새를 통해 말라리아를 연구하면서 회색모기가 새들에게 말라리아를 옮긴다는 것을 발견한 공로로 1902년 노벨생리의학상을 받았다.

두 번째 수상자는 1907년 프랑스의 라브랑이다. 그는 말라리아 환자들의 피를 조사하다 환자들의 적혈구 안에서 '플라스모디아'라는 기생 원생동물을 발견했고, 그것이 말라리아를 일으킨다는 사실을 밝혀냈다. 당시만 해도 모든 질병은 세균 감염으로 생긴다고 믿고 있었기 때문에 세균이 아닌 미생물에 의해 말라리아가 발병한다는 것을 인정받는 데 여러 해가 걸렸다.

전 세계에 3000여 종, 한국 47종

모기는 전 세계에 약 3000여 종, 한국에는 47종이 있다. 그중 말라리아를 옮기는 것은 중국 얼룩날개모기다. 원래 모기는 식물 즙이나 과즙, 이슬 등이 주식이다. 모든 모기가 피를 빨아먹는 것은 아니다. 교미를 통해 수정란을 가진 암컷 모기만 단백질 등 영양 공급을 위해 사람이나 동물의 피를 빨아먹는다.

피를 빨면서 모기는 침샘에서 피가 빨리 굳지 않게 하는 물질을 사람의 피부에 주입한다. 이때 말라리아, 뇌염 등 질병을 옮긴다. 말라리아에 걸려도 치료제가 개발돼 완치될 수는 있다. 하지만 아직 개발된 백신은 없다.

과학저널 사이언스는 2011년 과학기술계 10대 뉴스에 영국의 글락소스미스클라인(GSK) 제약회사가 개발한 말라리아 백신(RTS,S)의 1차 테스트 결과를 포함시켰다. 사하라 이남 아프리카 7개국(부르키나파소, 가봉, 가나, 케냐, 말라위, 모잠비크, 탄자니아)의 11개 지역에서 생후 5~17개월 영유아 6000명에게 세 차례에 걸쳐 접종하고 12개월이 지난 현재 감염률이 50% 이상 낮아졌다는 보고가 있었다.

이 백신은 다섯 종류의 말라리아 원충 중 독성이 가장 강하고 치명적인 열대열원충이 표적으로 개발됐다. 모기에 물린 뒤 모기의 타액을 통해 말라리아 원충이 혈액으로 들어갈 때 면역반응을 촉발시켜 원충이 간(肝)에서 증식하는 것을 차단한다. 박테리아나 바이러스가 아닌 기생충을 차단하는 백신이 개발되기는 이것이 처음이다. 그러나 임상 결과가 확실히 나오려면 아직 더 기다려야 한다. 말라리아를 예방하는 가장 좋은 방법은 역시 모기에 물리지 않는 것이다.

장마와 함께 오는 천둥·번개의 과학

여름이면 장마가 시작된다. 장맛비가 쏟아지면 언제나 천둥·번개가 친다.

옛날 그리스 로마 사람들은 번개와 천둥, 벼락을 한 형제로 봤다. 그리스 신화에서는 외눈박이 키클로스 삼형제 이야기가 나온다. 그들의 이름은 아르게스, 브론테스, 스테로페스다. 대장장이였던 그들은 단지 못생겼다는 이유만으로 감옥에 갇혀있다가 제우스신 덕에 풀려난다. 그들은 전쟁 중인 제우스

비행기에 번개가 떨어지는 장면. 모든 비행기가 1년에 한 번 이상 번개를 맞는다.

신을 돕기 위해 각자 무기를 만든다. 아르게스는 번개를 만들고 브론테스는 무서운 천둥소리를 만든다. 스테로페스는 번개로 날카롭게 내리치는 벼락을 만든다. 이 무기들로 제우스신은 막강한 힘을 갖게 됐다.

번개가 치면 왜 천둥이 뒤따라올까?

레오나르도 다빈치는 이미 500여 년 전에 왜 번개가 치면 천둥이 뒤따라오는지를 궁금해했다. 이것은 상당한 관찰력이다. 사람들에게 왜 그런지를 물으면 보통 "번개는 번쩍하는 빛이고 천둥은 '콰과광' 하는 소리라서, 빛의 속도가 소리의 속도보다 빠르기 때문에 그렇다"고 대답한다. 그러나 그것은 번개와 천둥이 동시 발생했다는 것을 전제로 한다.

과학적으로 보면 그렇지 않다. 번개가 지나는 곳은 순간적으로 온도가 높아져 섭씨 5000도까지 올라간다. 그러면 번개 주변의 공기와 수분들이 높은 온도 때문에 갑자기 기화한다. 특히 물은 1g의 부피가 1cc이던 것이 기화하면서 순간적으로 2만 2800배로 팽창한다. 그것은 폭발이다. 이 폭발음이 천둥인 것이다.

그럼 번개는 무엇인가? 번개가 전기 방전임을 처음 밝힌 사람은 벤자민 프랭클린이다. 그는 1752년 천둥·번개 속에서 연으로 실험을 했다. 금속 도선이 장치된 연줄 끝에 비단 리본을 매고 그 끝에 금속 열쇠를 달았다. 번개가 치자 전기가 연줄을 타고 흘러 금속 열쇠가 전기를 갖게 됐다. 그래서 번개가 전기불꽃이라는 사실이 밝혀졌다. 프랭클린은 이를 이용해 피뢰침을 발명했다. 미국 필라델피아의 과학관 '프랭클린 인스티튜트'에는 프랭클린이 전기 관련 실험과 연구를 했던 기구들이 전시돼있다. 니콜라스 케이지와 존 보이트가 주연을 맡고 2004년에 개봉된 영화 〈내셔널 트레저〉의 무대이기도 하다. 그러나 프랭클린의 피뢰침이 역사상 첫 번째는 아니다. 스리랑카 중북부의 수천 년 전에 지어진 아누라다푸아 왕국 건물들에는 이미 은이나 동으로 만든 피뢰침이 사용되었다.

번개는 왜 생길까. 구름 속에는 작은 물방울과 얼음들이 섞여있다. 바람이 불면 서로 마찰을 일으켜 물은 (-)전기, 얼음은 (+)전기를 띠게 된다. 물은 얼음보다 무거워서 구름 아래쪽으로, 얼음은 가벼워서 구름 위쪽으로 올라간다. 따라서 구름 위쪽(얼음)은 (+)전기, 아래쪽은 (-)전기를 띤다. 이 전자들이 땅에 있는 (+)전기에 끌려서 한꺼번에 땅 쪽으로 떨어진다. 이게 번개다. 이때 폭발적 팽창과 가열 때문에 천둥이 수반된다. 때로는 비행기가 구름 속에서 번개를 일으키는 방아쇠 역할을 할 때도 있다.

번개 사고 가장 많은 시간은 오후 2~6시

미국 국립번개안전연구소 자료에 따르면 2011년 6월 현재 미국에서 번개로 인한 사망자는 5명, 부상자는 49명이다. 2010년에는 사망 28명·부상 241명, 2009년 사망 34명·부상 255명이다.

한편 1997년 미국 국립해양대기청이 1959~1994년까지 35년간의 번개 사고 관련 통계를 발표했는데 꽤 재미있다. 우선 번개 사고의 40%는 보고되지 않는다. 27%는 들판이나 휴양지(골프장 제외)에서, 14%는 나무 밑(골프장 제외), 8%는 물에서 보트·낚시·수영을 하다 사고를 당했다. 골프장이나 골프장 나무 밑에서는 5%, 중장비나 기계 근처 3%, 전화기 관련이 2.4%였다. 사고가 많이 나는 달은 6월이 21%, 7월 30%, 8월 22%였다. 사고 발생 시간은 오후 2~6시가 가장 많았다.

땅으로 떨어지는 번개, 하늘로 올라가는 번개

얼마 전 세계에서 가장 큰 비행기 A380이 낙뢰를 맞는 장면이 보도된 적이 있다. 승객들은 모두 안전했다. 모든 비행기는 1년에 적어도 한 번 이상 번개를 맞는다. 과거에는 비행기 동체가 주로 알루미늄합금이어서 표면으로만 전기가 흐르기 때문에 1963년 이래 미국에서 번개로 인한 비행기 사고가 없었다.

그러나 보잉사가 개발한 B787은 비행기 무게를 줄이기 위해 복합재료를 사용한다. 번개처럼 강한 전류가 동체 표면을 때리면 금속은 괜찮지만 복합재료는 충격으로 찢어져 구멍이 뚫린다. B787은 낙뢰 피해를 막기 위한 별도의 장치를 필요로 한다.

비행기 동체 중 번개가 닿기 쉬운 부분은 비행기 맨 앞의 코와 앞날개의 양 끝 그리고 엔진 앞쪽과 뒤 수직날개의 꼬리 부분이다. 코 앞부분엔 피뢰침 역

번개가 치는 모습.

보잉사의 최신 기종 B787. 동체가 5중 복합재료로 되어있어 알루미늄 기종보다 번개에는 취약해 별도 장치를 갖췄다.

할을 하는 금속판대를 댄다. 날개 끝에는 금속전도체를 쓴다. 연료탱크는 외피를 두껍게 하고 스파크나 방전으로 불이 나지 않게 이음새들을 꽉 조인다.

B787의 동체 부분은 5중 복합재료로 되어있다. 먼저 베이스는 가볍고 강도가 강한 탄소섬유다. 그 위에 부식 방지를 위해 얇게 섬유유리를 코팅하고 알루미늄이나 구리로 된 망을 덮는다. 이 망은 번개가 칠 때 전류가 비행기의 어느 한 부분에 집중되지 않게 흩트린다. 또 동체 바깥 부분에 전류가 계속 흐르도록 한다. 그렇게 해서 기내 전기 시스템을 망가뜨릴 수 있는 유도전압을 줄여준다. 그 위에 망의 조직을 부드럽게 하는 얇은 접착필름을 붙이고, 맨 위 표면층에 프라이머와 페인트를 칠한다.

과학이 발달했어도 천둥과 번개는 여전히 두려움과 신비의 대상이다. 종류도 여러 가지다. 땅으로 떨어지는 번개만 생각하는데 10여 년 전 하늘로 올라가는 포지티브 번개도 알게 되었다. 번개는 가장 강력한 힘이지만, 그대로 버려지는 에너지다. 번개 연구를 계속 하다 보면 '번갯불에 콩 볶아먹는다'는 속담처럼 번개가 새로운 에너지원이 되는 날도 올 것이다.

발명·발견의 흥미로운 패턴

토마스 에디슨. 발명왕답게 그의 발명 이력은 화려하다. 타이프라이터와 인쇄전신기, 자동 발신기를 발명하고, 1876년 먼로파크 발명 연구소를 설립했다. 1877년 축음기, 1879년 전화 송신기와 백열전구, 1880년 발전기, 1881년 미터기·소켓·퓨즈, 1882년 발전소 건설, 1888년 영화촬영기, 1896년 영사기, 1904년 축전지, 1910년 축음기의 원판 레코드 등등. 일생 동안 미국 특허 1093개를 취득했다. 실용신안 특허가 1084개, 디자인 특허가 9개다. 국제특허를 포함하면 2332개다. 그가 설립한 회사가 GE(General Electric)다.

에디슨의 기록 깬 일본의 슌페이 야마자키, 그 기록 깬 실버브룩

2003년 6월 17일 일본 발명가 슌페이 야마자키가 2637개의 미국 특허 취득으로 에디슨을 뛰어넘는 최다 발명가가 되었다. 야마자키는 컴퓨터 공학과 고체 물리학 전공으로 도쿄의 반도체에너지연구소(SEL) 대표다. 그가 등록한 특허 대부분은 컴퓨터 디스플레이 분야다. SEL은 1996년 삼성에 특허침해 소송을 제기했다가 특허 등록 때 중요한 레퍼런스를 의도적으로 누락시킨 게 드러나 미국 법원에서 패소한 회사다.

기록은 깨지라고 있는 법. 야마자키도 2008년 2월 26일 오스트리아의 가이아 실버브룩에게 발명왕 자리를 넘겼다. 2011년 8월 23일자로 실버브룩은 미국 특허 4097개, 국제특허 9042개를 등록했다. 분야는 디지털 음악 합성, 디지털 비디오, 디지털 프린팅, 디지털 페이퍼, 컴퓨터 그래픽, 액정장치, 로봇공학, 3D 제작, 유기화학, 이미지 프로세싱, 기계공학, 암호학, 나노기술, 반도체 기술, 집적회로 등 다양하다. 실버브룩 연구소는 1994년 오스트리아 R&D사와 발명특허회사가 공동 설립한 오스트리아 최대의 사기업이다.

에디슨의 전화기·축음기·백열전구도 동시다발로 발명

발견과 발명의 역사에는 거의 비슷한 시기에 독립적으로 법칙을 발견하거나 발명품을 완성하는 복수 발견형이 많이 등장한다. 예를 들면 뉴턴과 라이프니츠는 거의 동시에 미적분을 발표했다. 산소는 스웨덴의 칼 빌헬름 셸레, 조셉 프리스틀리, 라부아지에가 비슷한 시기에 발견했다. 1858년 찰스 다윈과 알프레드 러셀 월리스 두 사람의 진화론에 관한 논문은 놀랄 만큼 같았다. 그들은 아예 린네학회에 공동으로 논문을 제출했다.

에디슨도 마찬가지다. 그는 1876년 1월 4일 도면만 그려 전화기 특허를 신

전기를 발명한 토마스 에디슨(왼쪽). 오른쪽은 에디슨이 설립한 먼로파크 발명연구소 실험실.

청했다. 한 달 뒤 2월 14일에는 알렉산더 그레이엄 벨과 엘리샤 그레이가 두 시간 간격으로 각각 전화기 특허를 신청했다. 결국 실물까지 완성하고 두 시간 먼저 신청한 그레이엄 벨이 전화기 특허를 취득하면서 최초 발명자가 되었다. 에디슨은 도면만 제출했기 때문에 특허를 못 받았다.

그러나 1876년 5월 에디슨이 설립한 먼로파크 발명연구소는 첫 개발품으로 훨씬 품질이 좋은 전화기를 만들었다. 에디슨은 이 전화기에 대한 권리를 영국 기업에게 3만 파운드에 팔아 런던에 '에디슨 전화회사'가 설립되었다. 1877년 발명된 축음기도 동시 발견의 예다. 프랑스의 찰스 크로스가 1877년 4월, 에디슨은 두 달 먼저인 1877년 2월 6일 축음기를 발명했다. 에디슨은 이것을 '말하는 기계'라고 불렀는데, 노래 '메리는 작은 양을 가졌네(Mary Had a Little Lamb)'를 직접 불러 녹음했다. 이 축음기가 과학 잡지 〈사이언티픽 아메리칸〉에 소개되자, 당시 미국 제19대 대통령 러더퍼드 헤이스는 에디슨을 백악관으로 초청해 '말하는 기계'를 구경했다. 이 축음기는 1분밖에 돌지 않아 실용화에 10년이 더 걸렸다.

에디슨의 대표작인 백열전구도 동시 발견의 경우다. 백열전구는 "저항이 있는 전도체에 전류가 흐르면 열에너지가 형광에너지로 바뀌어 하얗게 빛이 난다."는 줄의 이론을 실험으로 보여준 것이다. 1879년 에디슨과 영국의 조셉 윌슨 스원이 거의 동시에 발명했다.

그러나 전구 속을 진공으로 유지하는 것이 문제였다. 스원이 끙끙 앓는 동안 이 문제를 에디슨이 해결했다. 1879년 10월 21일 에디슨은 40시간 동안 빛을 내는 탄소필라멘트 전구를 개발했다. 이것은 그해 마지막 날 밤, 새해맞이 행사로 일반에 공개되었다.

스미스소니언 역사박물관은 이 백열전등과 최초의 축음기를 상설 전시하고 있다. 영화의 시작인 활동영상도 마찬가지다. 에디슨은 1888년에, 영국의 윌리엄 프리즈 그리니는 1889년에 각각 독자적으로 같은 착상을 했다.

새로운 패러다임 형성되면 지역 달라도 '간발의 차' 발명·발견

복수 발견이 우연인지 필연인지는 알 수 없다. 그러나 〈과학 혁명의 구조〉를 쓴 토머스 쿤을 비롯한 과학 사회학자들은 문화요소학이나 인식론으로 메커니즘을 분석한다.

복수 발견의 개념은 천재적 또는 영웅적 발명가를 바라보던 전통적 시각에 반대한다. 봄이 오면 여러 다른 장소에서 꽃이 피듯이, 과학기술의 새로운 패러다임이 형성되면 그것을 중심으로 새로운 예측과 발명이 동시다발적으로 생겨난다는 입장이다. 노벨과학상에서 공동 수상자가 늘어나는 것도, 스마트폰을 둘러싼 삼성과 애플의 특허분쟁이 가속화하는 것도 같은 이유다. 과학적 지식보다 과학적 소양과 시스템이 중요한 이유다.

세계에서 가장 유명한 보석, '호프 다이아몬드'

스미스 소니언 자연사박물관에서 여성들이 제일 좋아하는 전시실은 2층에 있는 보석 전시실이다. 그중에서도 최고의 인기는 역시 다이아몬드다. 이곳에 세계에서 가장 유명한 보석 '호프 다이아몬드'가 있기 때문이다. 호프 다이아몬드'는 세계에서 가장 크고, 가장 아름다우며, 가장 사연이 많은 블루다이아몬드다.

인도에서 가져온 블루다이아몬드를 펜던트로 세팅한 루이 14세(좌).
헨리 필립 호프. 70년 동안 소유했던 그의 이름을 따서 호프 다이아몬드라는 이름이 생겼다(우).

세계에서 가장 유명한 보석 '호프 다이아몬드'

자연사박물관 2층에 올라가면, '재닛 애넌버그 후커 홀'이라는 간판이 보인다. 스미스소니언의 자랑거리, 보석·광물·지질학 전시실이다. 이곳은 전설적인 호프 다이아몬드로부터 외계에서 날아온 운석들까지, 무려 3500여 점의 보석과 광물, 암석, 그리고 운석들이 전시되어있다.

그중에서도 '해리 윈스턴 갤러리'는 언제나 사람들이 바글바글하다. 바로 호프 다이아몬드를 보기 위해서다. 짙은 푸른색의 호프 다이아몬드는 세계에서 가장 큰 블루다이아몬드다. 무게 45.52캐럿(9.1g)에, 가로 2.56cm, 세로 2.58cm, 높이 1.2cm이다. 여왕처럼 호프 다이아몬드를 중심으로 16개의 화이트 다이아몬드가 감싸고 있고, 백금으로 된 목걸이 줄에도 46개의 다이아몬드가 장식되어있다.

1,600년대 초에 프랑스의 보석상인 장 밥티스트 태버니어가 112와 3/8캐럿(현재의 크기의 2배 이상)짜리 블루다이아몬드를 인도에서 가져왔다. 1668년에 프랑스의 국왕 루이 14세가 그 다이아몬드를 샀다. 1673년 루이 14세는 보석을 67 ⅛ 캐럿으로 줄여 재가공시켰다. 그것이 펜던트로 세팅되어 왕관의 보석이 되

세계에서 가장 크고 아름다운 블루다이아몬드 '호프 다이아몬드'

었다. 루이 14세의 뒤를 이은 루이 15세는 1749년에 그 다이아몬드를 '황금양털의 엠블럼'이라는 의전용 보석으로 다시 세팅했다.

1792년 프랑스대혁명이 일어나면서 루이 16세와 왕비 마리 앙트와네트는 단두대에서 처형당했다. 그 와중에 블루다이아몬드도 도둑을 맞았다. 그 후 20년 동안 블루다이아몬드가 어디에 있는지 아무도 알지 못했다. 그러다가 1812년, '대니얼 엘리어슨'이라는 보석상이 커다란 블루다이아몬드를 들고 런던 시장에 나타났다. 크기는 20캐럿 이상 줄어있었지만, 프랑스 왕관에 박혀있다 도둑맞은 것과 거의 같았다. 그것을 영국 국왕 조지 4세가 샀다.

1830년 조지 4세가 죽었다. 이번에는 런던의 은행가이자 보석 수집가였던 헨리 필립 호프가 그 다이아몬드를 당시 거금 9만 달러를 주고 샀다. 그때부터 '호프'라는 이름이 생겼다. 1901년 호프 집안이 파산했다. 그 다이아몬드는 다시 런던과 뉴욕, 파리에서 팔고 팔리고 했다.

1912년, 워싱턴DC의 언론 재벌 월시 매클린이 부인 에벌린에게 주려고 피에르 카르티에로부터 호프 다이아몬드를 15만 4000달러에 샀다. 이 가격은 당시 노벨상 상금의 약 8.5배 정도 되는 어마어마한 돈이었다.

다이아몬드 왕 해리 윈스턴이 기증해 스미스소니언의 품으로

1949년 당시 가장 유명한 보석상 중의 한 사람인 해리 윈스턴이 드디어 호프 다이아몬드를 구입했다. 그리고 1958년 해리 윈스턴은 호프 다이아몬드를 스미스소니언 박물관에 기증했다.

해리 윈스턴은 자신의 다이아몬드 기증이 많은 사람들의 관심을 끌기를 원

호프 다이아몬드를 포장한 소포에 우체국 직인을 찍는 모습

했다. 그래서 기발한 아이디어를 생각해냈다. 뉴욕에서 스미스소니언으로 기증을 할 때 이 비싼 호프 다이아몬드를 우체국 소포로 보내기로 한 것이다. 스미스소니언 전시실 벽에 재미있는 사진이 하나 붙어있다. 1958년 11월 10일, 호프 다이아몬드를 스미스소니언 박물관으로 보내기 위해 뉴욕 우체국 직원이 포장지에 우표 스탬프를 찍고 있는 사진이다. 당시 보험금은 100만 달러였고, 우표값은 배송과 보험금으로 145.29달러였다. 이런 과정들을 거치면서 호프 다이아몬드는 모든 미국 사람들이 다 아는 유명세를 타게 되었다. 그리고 지금은 전 세계에서 가장 사랑받는 다이아몬드가 되었다.

호프 다이아몬드는 어떻게 만들어졌을까?

호프 다이아몬드는 형성된 지 10억 년 이상 되었다. 그것이 지구 깊은 곳에서 만들어진 이후로… 대서양이 갈라졌다 닫혔다 다시 열렸다. 공룡들도 나타났다가 사라졌다. 인간들은 진화해서 지구 표면 곳곳에 퍼져있었다. 호프 다이아몬드는 높은 온도와 압력에 지구 깊은 곳에서 성장해서, 표면까지 아주 위험한 여행을 하고 살아남았다. 그것의 정확한 나이는 아무도 모른다. 그러나 과학자들은 인도의 다이아몬드들이 11억년 된 암석에서 발견되었다고 한다.

다이아몬드는 지구 표면 아래 150km 이상, 온도가 1200℃ 이상 되는 조건에서 자라기 시작한다. 탄소 원자들끼리 강하게 결합해서 치밀한 다이아몬드 결정조직이 되려면 강한 압력과 높은 온도가 필요하기 때문이다. 예를 들어 인조 다이아몬드는 5만 기압, 1300℃ 이상에서 합성할 수 있다.

이 깊은 곳에서 생긴 다이아몬드가 지표 밖으로 나오게 되는 것은 화산 폭발 때문이다. 물과 이산화탄소가 많이 녹아있는 마그마가 거품을 만들면서 가스가 분출되는데, 이때 시속 70km의 속도로 발사되면서 다이아몬드를 땅 표면까지 나르게 된다. 그러면 다이아몬드는 불과 몇 시간 만에 지구 표면으로 옮겨진다.

이때가 다이아몬드에게는 위기의 순간이다. 위로 솟아오르고, 폭발로 분출되면서 산산이 부서질 수 있기 때문이다. 또 이 과정이 시속 70km 이하로 느리게 진행되면 다이아몬드가 연필심으로 쓰이는 흑연으로 바뀔 수도 있다. 다행히 잘 뿜어져나온 다이아몬드도 그냥 다이아몬드로 나오는 것은 아니다. 다이아몬드를 함유하는 운모감람석을 킴벌라이트라고 하는데, 이 킴벌라이트가 비바람에 점차적으로 침식되면서 다이아몬드가 드러나게 되는 것이다.

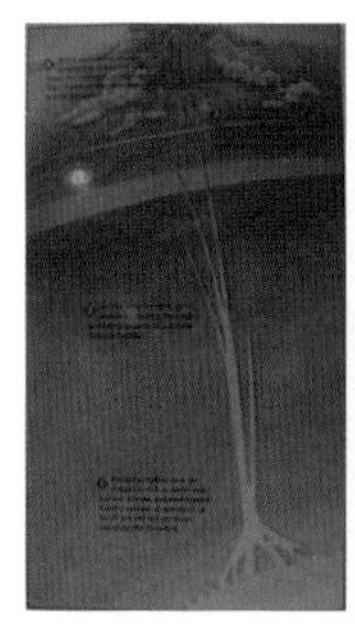

다이아몬드 생성 과정을 설명하는 그림. 스미스소니언 박물관에 전시되어있다(좌). 다이아몬드의 결정구조(우).

99.95%의 탄소와 0.05%의 불순물로 이루어진 다이아몬드

불순물 없이 100% 탄소로만 이루어진 다이아몬드는 빛을 100% 반사하기 때문에 무색투명하다. 다이아몬드가 아름답게 빛나는 것은 다이아몬드로 들어온 빛이 모두 반사되어 그대로 나가기 때문이다.

우리는 다이아몬드가 대부분 투명하다고 생각하지만 무색투명한 다이아몬드는 2% 이내에 불과하다. 98% 이상의 다이아몬드는 불순물을 갖고 있다. 대략 99.95%의 탄소와 0.05%의 불순물로 되어있다. 그런데 이 0.05%의 불순물 때문에 다이아몬드에 색깔이 생긴다. 미량의 불순물이 특정 파장의 색을 흡수하기 때문이다. 그럼 왜 호프 다이아몬드는 푸른색일까? 붕소 때문이다. 붕소는 홑원소 물질로는 자연에 존재하지 않고, 붕사나 붕산석 같은 붕산염 광물로 산출된다.

노란색 다이아몬드는 질소 때문이다. 다이아몬드가 만들어질 때 땅속의 풍부한 질소가 탄소와 자리바꿈을 하면서 결정 구조가 달라진다. 그러면 빛을 반사해서 내보내는 양이 달라지고, 질소가 포함된 양에 따라 다이아몬드의 색이 바뀌어 노란색이나 갈색을 띠게 된다. 그래서 광산에서 채굴되는 다이아몬드는 대개 옅은 노란색이나 갈색이다.

다이아몬드의 탄소 자리에 질소 원자 두 개가 들어가 있으면 초록색을 띤다. 그럼 탄소 원자 하나가 빠지고 그 자리에 질소 원자 하나가 들어가 있으면? 분홍색을 띤다. 이 핑크 다이아몬드는 오스트레일리아에서만 난다. 이 다이아몬드는 핑크빛 다이아몬드라는 이유 때문에 일반 다이아몬드보다 값이 훨씬 비싸다.

끝나지 않은 논쟁
창조론과 진화론

20세기 과학사의 3대 발견은 상대성 이론과 양자역학, 카오스 이론이다. 상대성 이론은 시간과 공간에 관한 새로운 관점을 제시했다. 양자역학은 원자 차원의 미시적 현상과 자연과학의 많은 부분을 효과적으로 설명해준다. 카오스 이론은 무질서하고 규칙이 거의 없어 보이는 것에도 나름대로의 규칙이 있음을 보여주었다.

그렇다면 20세기 이전 과학사의 3대 혁명은? 코페르니쿠스의 지동설, 뉴턴의 만유인력 법칙, 다윈의 진화론이다. 이 중 대부분의 과학자가 인정하면서도 아직까지 가장 논란이 되는 것이 진화론이다. 이른바 '창조론'과 '진화론'의 치열한 대결 때문이다.

인류의 진화 과정을 표현한 자연사박물관 전시.

너무 똑같은 다윈과 월리스의 논문

다윈이 진화론에 대하여 논문을 쓰기 시작한 것은 1856년이다. 5년간의 비글호 항해를 마친 지 20년 만이다. 그때까지 다윈은 여러 논문을 발표했지만 진화론에 관해서만은 어떤 논문도 발표하지 않았다. 다만 1842년 지질학자 찰스 라이엘에게 이론의 틀을 그리고 1844년 4년간 다윈처럼 배를 타고 자연사 연구를 했던 조셉 후커에게 '자연선택설'에 관한 편지를 보냈다. 또 진화론의 윤곽이 잡히자 1857년 10월 미국의 식물학자 아사 그레이에게도 그 내용을 편지로 썼다.

그러나 논문 완성 직전인 1858년 6월 18일, 앨프리드 러셀 월리스로부터 라이엘에게 전해달라는 편지와 함께 동봉된 논문을 받았다. 논문 제목은 '변종이 본래의 형에서 나와 무한히 떨어져나가는 경향에 관하여'였다.

월리스의 논문을 읽어본 다윈은 깜짝 놀랐다. 그의 논문이 자신이 16년 전 정리해 놓은 내용과 똑같았기 때문이다. 다윈은 라이엘에게 편지를 써서 월리스의 논문에 대해 이렇게 말했다.

"저는 이렇게 놀랍도록 일치하는 것을 본 적이 없습니다. 월리스가 1842년 내가 쓴 논문의 스케치를 갖고 있더라도 이보다 더 요약문을 짧게 잘 쓸 수는 없을 겁니다. 그가 쓴 용어가 제가 쓴 장의 제목이 되었습니다."

〈종의 기원〉 출판 당일 매진, 이론 발표 10년 뒤 인정받아

다윈의 이론을 잘 알고 있던 찰스 라이엘과 조셉 후커가 두 사람에게 공동 발표를 권했다. 월리스는 다윈의 논문이 자신의 것보다 자료가 더 풍부하고 완전하다는 것을 알고 공동 발표 제안을 받아들였다. 그래서 월리스의 논문, 1844년 다윈의 에세이 발췌문, 1857년 다윈이 아사 그레이에게 보낸 편지의 발췌 내용들을 함께 린네학회로 보냈다. 발표자로 월리스와 다윈의 이름을 적고 함께 검토했음도 밝혔다.

1858년 7월 1일 린네학회에서 논문이 발표됐다. 논문 제목은 '종의 변종 형성 경향과 자연선택에 의한 종과 변종의 영속에 대하여'. 논문 독회가 진행될 때 월리스는 먼 곳에 있었고, 다윈은 집에 있었다. 공동 발표로 다윈의 우선

스미스소니언 자연사박물관의 공룡전시실.

권이 인정됐다. 월리스는 다윈 사후인 1889년 자신이 직접 〈다위니즘〉이라는 제목으로 진화론에 관한 책을 출간했다. 과학사에서 이런 일은 매우 특이한 경우다.

다윈은 1859년 〈종의 기원〉을 출간했다. 책은 하루 만에 매진되었다. 책은 치열한 찬반논쟁을 일으켰다. 당시 일부 보수 언론들은 다윈을 원숭이에 빗대는 풍자만화를 그렸다. 그의 주장은 10년이 지나서야 인정받기 시작했다.

다윈은 사망할 때까지 동물학·식물학 및 인류에 관한 연구를 계속하고 많은 저서를 남겼다. 저서로 〈가축과 재배 식물의 변이〉, 〈인간의 유래〉 등이 있다. 당대의 유명한 과학자이자 미국 스미스소니언박물관 초대 회장 조셉 헨리는 진화론을 강력히 지지했다.

미국선 아직도 창조론과 다툼 치열, 진화론 믿는 사람 43%

그러나 1920년대 이후 미국에서는 오클라호마주와 플로리다주·테네시주 등 많은 주에서 반 진화론 법이 제정되고, 공립학교에서 진화론을 가르치지 못하게 했다. 찬반이 들끓었고 많은 재판이 이어졌다. 1968년 미국 연방대법원은 모든 반 진화론 법은 위헌이라는 판결을 내렸다. 그러자 1970년대부터 창조론자들은 "창세기와 진화론에 균등한 시간을 할애해야 한다"며 '균등시간 할당법'과 교과서 개정 로비를 계속하고 있다. 논쟁은 진행 중이다.

스미스소니언 자연사박물관 관장인 진화생물학자 크리스티안 샘퍼는 "미국에서 진화론을 믿는 사람은 약 43%"라고 했다. 그래서 스미스소니언에서는 생명의 다양성을 보존하고 진화의 근거를 제시하기 위해 대규모의 포털인 '생

미국 스미스소니언 자연사박물관의 포유동물관. 이 사진에 나오는 포유동물들은 모두 한 가족이다.

명백과사전(EOL, Encyclopedia of Life)'을 만들었다. EOL은 인증된 수십만 종에 관한 웹 페이지, 140만 기본 페이지와 함께 1300만 건의 디지털 자료들과 링크되어있다. 업데이트도 꾸준히 된다.

스미스소니언 자연사박물관은 진화론을 배경으로 전시 스토리를 구성한다. 포유동물 전시실, 해양관, 인류의 기원전 등 모두 마찬가지다. 또 2009년에는 종의 기원 출간 150주년 기념으로 종의 기원 초판본과 다윈의 목도리, 다윈이 편집하고 1843년에 출간된 〈비글호의 항해와 동물학〉, 조셉 헨리의 데스크 다이어리, 비글호의 항로지도, 갈라파고스에서 수집한 이구아나와 흉내지빠귀 등을 전시하는 전시회도 열었다. 2005년 뉴욕의 미국자연사박물관도 '다윈 특별전시회'를 열었다.

창조론인가, 진화론인가. 논쟁은 계속되지만 이 논쟁이 벌어지는 동안에도 멸종은 계속되고 있다. 미국 샌디에이고의 동물원에는 곳곳에 이런 구절이 붙어있다. '멸종은 영원하다.'

풀리지 않는 수수께끼 '투탕카멘의 비밀'

2018년 투탕카멘 발굴 100주년을 기념해 전 세계 주요 도시에서 순회 전시가 열렸다. 이집트 18왕조의 왕 투탕카멘은 BC 1361년, 9세에 왕이 되어 BC 1352년에 사망했다. 원래 이름은 투탕카텐이었으나 왕이 된 후 투탕카멘으로 바꿨다. 투탕카멘의 무덤은 파라오들의 무덤이 있는 나일강 중류 '왕가의 계곡'에 있었다. 대부분의 파라오 무덤이 도굴되었으나 투탕카멘 무덤은 도굴되지 않은 유일한 이집트 왕릉이다.

유일하게 도굴되지 않은 투탕카멘 무덤

1922년 11월 4일 고고학자 하워드 카터의 인부가 계단 같은 흔적을 찾아냈고, 발굴 자금을 지원한 영국의 카르나본 경과 함께 11월 26일 무덤의 문을 열었다. 투탕카멘의 미라가 들어있는 방은 1924년 2월 17일 개봉되었다.

투탕카멘의 무덤에선 110kg의 황금관과 황금마스크 등 호화찬란한 금은 보화와 합금되지 않은 철, 3245년 동안 마르지 않은 향료 등 1700여 점의 유물이 나왔다. 특히 제3관의 황금마스크(11kg)는 가장 중요한 유물이다. 이 발굴은 현대 이집트 연구의 새로운 출발점이 됐다.

2010년 2월 과학자들은 DNA 검사 결과 투탕카멘의 부모가 누구인지를 밝혀냈다. 아버지는 아크나톤(미라 KV55)이고, 어머니는 이름이 알려지지 않은 미라 KV35YL였다. 그들은 남매간이었다. 투탕카멘의 키는 약 180cm이고 앞니가 유난히 크다. 사인에 대한 기록은 없다. 그래서 그가 어떻게 18세의 젊은 나이에 죽었는지가 관심사였다.

초기에는 두부에 충격을 받아 암살된 것으로 추정했다. 그러나 2005년 컴퓨터단층촬영(CT)으로 새로운 사실들이 밝혀졌다. 미라를 만드는 과정에서 부러진 줄 알았던 그의 다리가 그가 죽기 전에 부러졌고, 부러진 다리가 여러 질병에 감염되었으며, 그가 생존 시 지팡이를 짚었다는 것이 밝혀졌다.

또 2010년 DNA 분석에서는 낫(또는 초승달) 모양의 말라리아 원충에 감염되었음도 밝혀졌다. 그래서 사고와 말라리아의 복합 원인으로 사망했을 것으

신비로 가득한 이집트 왕 투탕카멘 전시.

투탕카멘의 황금마스크(왼쪽). 하워드 카터가 투탕카멘 무덤을 발굴하는 장면(오른쪽).

로 추정된다.

한편 내셔널 지오그래픽 2010년 10월호는 특집 '투탕카멘 왕 가계의 비밀'에서 "그가 부모의 근친결혼 때문에 유전자적 결함이 생겼고, 그로 인해 (적)혈구성 빈혈로 죽었다."는 2010년 6월 독일 과학자들의 주장을 기사로 실었다. 근친결혼의 폐해로 언청이었다는 것도 밝혀졌다. 또 그의 아내 앙크에스엔아멘이 그의 이복여동생이었으며, 이집트 왕가가 동기간의 결혼으로 혈통을 유지했다는 사실도 알려졌다.

피격·교통사고·급사… 파라오 무덤 목격자들 잇단 '의문사'

그러나 투탕카멘이 유명해진 것은 유물 발굴에 관계된 사람들의 잇단 의문사 때문이었다. 이집트 파라오의 관에 씌어있는 "왕의 안식을 방해하는 자에게 벌을 내릴 것이다"라는 이른바 '파라오의 저주'가 사실로 믿어질 만큼 의문의 죽음이 이어졌다.

이종호 교수의 책 〈세계의 불가사의 21가지〉에 따르면, 무덤을 발굴한 사람

이집트 왕들의 무덤이 있는 왕가의 계곡. 이곳의 무덤 중 도굴되지 않은 유일한 것이 투탕카멘의 무덤이다.

은 고고학자 카터와 카터의 발굴 작업을 후원했던 카르나본 경이다. 카르나본 경은 발굴 6주 만인 1923년 4월 5일 공교롭게도 투탕카멘의 얼굴 상처와 똑같은 부위를 모기에 물려 사망했다. 그가 사망할 때 영국에 있던 그의 개도 갑자기 경련을 일으키며 죽었다.

카르나본의 조카 오베리 허버트도 1923년 9월 돌연사했고, 발굴에 참여했던 미국 고고학자 아서 메이스도 카르나본 사망 직후 몸이 이상하다고 호소하다 혼수상태에 빠져 사망했다. 또 미국 철도계의 거물 조지 J 굴드도 투탕카멘의 무덤으로 안내된 다음 날 폐렴으로 죽었다. 투탕카멘의 미라를 조사하기 위해 이집트에 왔던 X선 촬영 사진기사 아치볼드 더글러스 라이드는 1924년 영국으로 돌아가자마자 사망했다.

발굴에 참여했던 이집트인 알리 케멜 화미베이는 무덤을 본 뒤 자신의 아내가 쏜 총에 맞아 죽었다. 영국의 실업가 조엘 울도 무덤을 견학하고 귀국하던 길에 고열로 죽었다. 프랑스의 이집트 학자 조지 방디트는 무덤 방문 뒤 갑자기 사망했다. 카르나본의 부인은 벌레에 물려 1929년 사망했다.

카터의 비서 리처드 베텔은 침대에서 시체로 발견되었고, 무덤을 보지는 않았지만 투탕카멘의 유물을 몇 점 보관하고 있던 그의 아버지도 곧이어 죽었다. 그의 유해를 운반하던 영구차에 여덟 살 아이가 치어 죽기도 했다. 투탕카멘의 미라를 검사한 더글러스 데리 교수는 1925년 죽었다. 그와 같이 미라를 검사한 알프레드 루카스도 거의 같은 시기에 심장 발작으로 갑자기 사망했다.

과학자들 '무덤 속 곰팡이 탓' 해석

1966년 투탕카멘 유물을 관리하던 아브라함은 유물전시회 문제로 카이로에서 회의를 하고 집으로 돌아가다 의문의 자동차 사고로 죽었다. 투탕카멘 무덤 발굴자 중 유일한 생존자였던 애덤슨은 1969년 TV에 출연해 "나는 한순간도 파라오의 저주라는 터무니없는 전설을 믿어본 적이 없다."고 큰소리쳤다. 그러나 TV 출연을 마치고 귀가 도중 교통사고를 당해 간신히 목숨만 건졌다. 그런데 그로부터 24시간도 안 돼 그의 부인이 죽었고, 아들도 척추를 다쳤다.

1972년 투탕카멘 유물의 영국박물관 전시를 위해 수송 작업을 지휘하던 가멜 메레즈는 "파라오의 어리석은 전설을 믿지 않는다."고 공언한 그날 밤 갑자기 사망했다. 유물을 운반하던 여섯 명은 그 후 5년 내에 모두 의문의 죽음을 당했다.

이쯤 되면 설마 하던 사람도 겁이 나기 마련이다. 과학자들이 함께 묻혔던 과일이나 채소에서 생긴 곰팡이가 원인이 아니었을까 설명도 해보지만 아직은 원인이 밝혀지지 않았다. 우연의 일치인지, 필연의 결과인지 아니면 정말로 저주가 있는 것인지. 아직도 과학은 풀어야 할 수수께끼들이 많다.

서울 5대 궁궐에 담긴 과학

서울은 궁궐 도시다. 조선시대 5개 궁궐 경복궁, 창덕궁, 창경궁, 경희궁, 경운궁이 있다. 이덕수 선생의 〈신궁궐 기행〉에 따르면 임금과 그 가족들이 살던 집이 궁(宮)이다. 중국에선 궁의 출입문 좌우 망루와 궁을 둘러싼 담장을 궐(闕)이라 한다. 그래서 궁궐이다.

궁궐의 종류

궁궐도 종류가 있다. 왕이 늘 거처하는 '제1궁궐'은 법궁, 법궁의 수리나 화재로 왕이 옮겨 머무는 '제2궁궐'은 이궁(離宮)이다. 왕실의 필요로 특별히 새로 지은 게 별궁, 왕이 피난이나 나들이 가서 머무는 게 행궁(行宮)이다.

조선의 법궁은 태조 이성계가 창건한 경복궁이고, 이궁은 태종이 지은 창

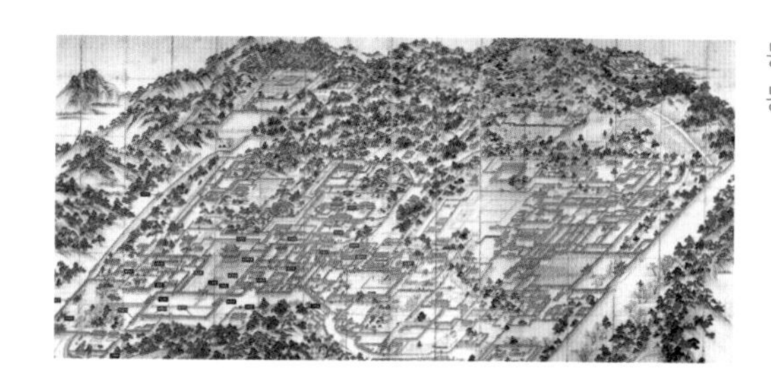

동궐도. 창덕궁과 창경궁은 경복궁 동쪽에 있어 동궐이라고 한다.

덕궁이었다. 창경궁은 성종 때 지은 별궁이다. 창덕궁, 창경궁은 경복궁 동쪽에 있어 동궐이라고 한다. 임진왜란 때 경복궁, 창덕궁, 창경궁은 모두 소실됐다. 피난에서 돌아온 선조는 16년간 정릉의 행궁에 머물다 승하했다. 뒤를 이은 광해군이 창덕궁을 재건했다. 이때부터 고종의 경복궁 재건 때까지 273년간 창덕궁이 법궁이었다.

성종은 1484년 9월 27일 창경궁을 완공했다. 세종이 즉위한 뒤 상왕 태종의 거처로 수강궁을 지었는데, 60년 후 그 자리에 성종이 자신의 할머니(세조의 비 정희왕후), 어머니(덕종의 비 소혜왕후), 작은 어머니(예종의 비 안순왕후)를 위해 별궁으로 새로 지은 것이다.

전은 왕과 왕비가 계신 건물

전각의 용도와 역사·규모를 기록한 궁궐지에는 전체 건물이 창덕궁 1731칸, 창경궁 2379칸으로 되어있다. 궁의 건물은 용도에 따라 그 이름이 달라진다. 이름의 끝 글자는 전(殿), 당(堂), 합(閤), 각(閣), 재(齋), 헌(軒), 누(樓), 정(亭) 중 하나를 붙인다. 이것으로 건물의 등급과 용도를 대강 알 수 있다.

전은 가장 높은 사람이 사는 곳이다. 왕, 왕비, 상왕, 대비, 왕대비가 사는 곳이다. 왕이 나와서 조회를 하는 곳을 정전이라고 한다. 창경궁의 정전은 명정전이다. 경복궁은 근정전, 창덕궁은 인정전, 경희궁은 숭정전, 덕수궁은 중화전이 정전이다.

편전은 왕이 평상시에 업무를 보고 회의도 하며, 면담도 하는 건물이다. 한마디로 집무실이다. 창경궁의 편전은 문정전이다. 경복궁에는 사정전과 만춘전, 천추전이 있다. 창덕궁은 선정전, 경희궁은 자정전, 덕수궁은 덕홍전이 편전이다.

침전은 왕과 왕비의 침실이 있는 건물이다. 왕과 왕비의 침전이 있다. 창경궁은 왕의 침전이 통명전, 왕비의 침전은 환경전이다. 경복궁은 왕의 침전이 강녕전과 왕비의 침전이 교태전이다. 창덕궁의 침전은 왕의 침전이 희정당, 왕비의 침전이 대조전이 있다. 경희궁에는 융복전과 회상전이 있다. 덕수궁의 침전은 함녕전이다. 서양식으로 지은 석조전에도 침실과 욕실이 있다.

복잡하니까 창경궁에서만 예를 들면, 사도세자의 비극이 시작된 편전인 문정전, 왕과 왕비의 숙소인 통명전, 정조와 헌종이 태어난 경춘전, 사도세자의 비로 〈한중록〉을 쓴 정조의 어머니 혜경궁 홍씨가 살았던 자경전(지금은 없어짐), 중종이 승하한 환경전 등이 있다. 왕자나 공주, 대군들이 사는 건물

경복궁의 정전인 근정전. 왕이 나와서 정사를 보는 곳을 정전이라고 한다. 근정전은 부지런히 정사를 보는 곳이라는 뜻이다.

은 '○○전'이라고 이름을 짓지 못한다.

이것은 불교의 사찰에서도 마찬가지다. 사찰 건물 중 '○○전'이라고 하면 그 건물 안에 부처님을 모신 곳이다. 그래서 대웅전, 영산전, 극락전, 팔상전처럼 '○○전'자가 붙은 건물에는 반드시 불상이 있다.

전의 한 단계 아래가 당, 합과 각은 부속건물

전의 한 단계 아래인 당은 세자와 공주, 후궁들이 사는 곳이다. 왕과 왕비가 사용할 수도 있다. 숙종 때 희빈 장씨가 살던 취선당(현재는 없어짐) 외에 양화당, 숭문당이 있다. 합과 각은 대체로 전과 당의 부속건물이다. 통명전의 체원합, 경춘전의 동행각 등이 있다. 재와 헌은 왕실 가족과 궁궐에서 일하는 사람들이 사용했다. 정조가 승하한 영춘헌과 집복헌, 낙선재가 유명하다.

신영훈 선생의 〈서울의 궁궐〉에 의하면 헌종은 즉위 후 결혼했는데, 왕비는 3단계로 선발하는 게 법도였다. 마지막 세 명 중 한 여인을 간택하는 것이다. 그러나 헌종은 두 번째 여인 김씨가 마음에 들어 그녀와 왕혼(임금이 선택한 여인과 동거하는 혼인)을 했다. 헌종이 그 여인과 사랑의 보금자리로 지은 곳이 낙선재다. 규모가 430칸이다. 낙선재가 사랑채면 그 안채는 대청마루가 있는 석복헌이다. 낙선재는 지금은 창덕궁 쪽에서 들어가지만, 궁궐지에는 창경궁에 속한다고 되어있다.

누는 바닥이 한 길 높이 이상인 마루로 된 건물인데, 1층은 각, 2층은 누라고 한다. 정은 정자다. 창경궁에는 단풍이 아름다운 관덕정과 낙선재 담장 안에서 바깥 경치가 잘 보이는 취운정이 있다.

모든 궁궐 건축이 남향이지만 창경궁은 다르다. 궁궐 대문인 홍화문과 중문인 명정문, 그리고 정전인 명정전이 동향이다. 남향보다 배산임수를 더 중시했기 때문이다. 명정전 옆의 문정전은 남향이다. 광해군 때 한 방향으로 통일하자는 주장이 있었지만, 원래의 구도를 그대로 따랐다. 초입의 도랑을 건너는 돌다리 옥천교는 아치형이다.

궁 복원 대목장 기술 유네스코 등재

우리 궁궐은 모두 목재 건축물에 기와집이다. 이 대목장 기술은 2010년 한국 무형문화 대표 목록으로 유네스코에 등재되었다. 목재는 소나무만 사용한다. 나이테가 좁고 속이 붉으며 목질이 단단한 적송을 쓴다. 궁궐 도편수 신응수 선생은 바닷바람을 맞으며 생육조건이 좋지 않은 음지에서 더디게 자란 영동 지방 소나무를 최고로 친다. 벌목도 수분 함유율이 적은 가을이나 겨울에 하고, 3년 이상 건조시켜 비틀림을 막는다.

궁궐의 목조건축은 처마가 깊다. 겹처마로 서까래 끝에 부연을 걸어 기둥 높이만큼 기둥선 밖으로 처마가 나오게 한다. 이것이 대낮의 햇볕을 가려준다. 그러나 어둡지 않다. 천장의 봉황까지 다 보인다. 마당에 떨어진 빛의 반사가 간접 조명을 만들기 때문이다.

건물 앞마당에는 품계석이 있고, 뜰에는 박석을 깔았다. 박석은 매끄럽지 않은 돌로 뜰 뒤쪽으로 약간 경사가 지게 해서 물이 앞으로 흐르지 않도록 하고, 박석 사이가 벌어지게 해 그 사이로 풀이 돋아나게 깔았다. 그래야 돼지가죽으로 밑창을 만든 법화를 신어도 뙤약볕에서 견딜 수 있다.

창덕궁 정전인 인정전. 어진 통치를 하는 곳이라는 뜻을 담고 있다.

이토 히로부미가 건물 헐고 식물원과 동물원 만들어

1907년 이토 히로부미는 창경궁에 궐내각사를 헐고 식물원과 동물원을 만들었다. 궁문, 담장, 전각들도 헐고 잔디를 깔았다. 통명전 뒤 언덕에 일본식 건물을 세워 박물관 본관으로 삼았다. 1911년 창경궁 명칭도 창경원으로 바꿨다. 연못도 일본식으로 파고 정자도 일본식으로 세웠다.

1922년 벚꽃 수천 그루를 심고, 1924년부터 야간 벚꽃놀이를 개장했다.

창경궁 뒤의 서울국립과학관은 1927년 5월 옛 조선총독부 청사의 상설전시관이 시작이다. 1945년 해방 후 국립과학박물관으로, 1949년 7월 국립과학관으로 개편되었다. 한국전쟁 때 소실되었다가 1960년 8월 와룡동 현 위치를 건립 부지로 확정, 1972년 9월 국립과학관의 문을 열었다.

1973년 박정희 대통령은 창경궁에서 과학관 쪽으로 '과학문'을 만들었다. 창경궁 복원 작업은 1983년 시작되어 1986년엔 이름도 창경원에서 창경궁으로 고쳤다. 국립과학관 자리에는 2017년 12월 국립어린이과학관이 문을 열었다.

고래의 수난 시대

바다에서 가장 거대한 동물은 고래다. 그런데 그 고래가 멸종 위기에 처해있다. 6000년이 넘는 인간들의 고래잡이 때문이다. 미국 NBC 방송이 2015년 2월 13일 방영한 보고서 〈텅 빈 바다: 20세기 포경산업 요약〉에 따르면, 1900년부터 1999년까지 100년간 상업적인 목적으로 포획된 고래는 290만 마리다. 1986년부터 국제포경위원회는 상업적 포경을 금지해오고 있다.

스미스소니언 자연사박물관 해양전시실의 북대서양 참고래 피닉스

스미스소니언박물관 해양전시실의 공식 대사, 참고래 피닉스

미국 스미스소니언 자연사박물관 해양전시실(Ocean Hall)은 해양 포유동물 표본들을 세계에서 가장 많이 소장하고 있다. 범고래, 향유고래, 각종 돌고래와 참고래, 혹등고래, 귀신고래 같은 온갖 고래 표본들이 6500여 점이나 있다.

이곳에 들어서면 맨 처음 눈에 들어오는 전시물은 북대서양 참고래다. '피닉스'. 길이 13.8미터에 푸른 빛이 감도는 멋진 고래다. 피닉스는 스미스소니언 자연사박물관에서 아주 중요한 역할을 맡고 있다. 바로 '스미스소니언 자연사박물관 해양전시실의 공식 대사'라는 직책이다. 1987년에 태어난 아기 고래 피닉스의 등에 과학자들은 무선수신기(전자태그)를 달아주었다. 이를 통해서 과학자들은 피닉스의 삶을 추적해왔다. 피닉스가 이동할 때마다 수심, 수온, 수중 음향과 같은 데이터들을 받아서 고래가 어떻게 살아가는지를 연구한다.

멸종 위기에 처한 참고래

참고래는 세계에서 가장 큰 동물 중 하나지만, 가장 위험에 처한 고래이기도 하다. 수 세기 동안 사람들이 참고래들을 너무 많이 잡았기 때문이다. 참

스미스소니언 자연사박물관 고래 수장고

스미스소니언 자연사박물관 수장고의 고래 표본들

고래는 몸무게의 40%가 지방이어서 죽으면 물 위로 떠오른다. 게다가 연안의 수면 위로 올라와 휴식을 즐긴다. 수영속도도 시속 10km밖에 안 된다. 특히 참고래는 기름과 고래수염 때문에 고래사냥꾼들에게 인기 있는 사냥감이었다. 그래서 사냥꾼들이 참고래만 보면, "바로 그 고래!"라고 외치면서 잡았기 때문에 영어 이름이 'Right Whale, 바로 그 고래'가 된 것이다.

참고래는 사는 지역에 따라서 북대서양참고래, 북태평양참고래, 남방참고래의 3가지 종류가 있다. 피닉스와 같은 종인 북대서양참고래는 이제 300~400마리 정도밖에 남지 않았다. 멸종 위기 종이다. 북태평양참고래도 200여 마리밖에 없다. 역시 멸종위기 종이다. 하지만 남방참고래는 약 7500마리 정도가 살아있어서 멸종 위기는 벗어났다.

그럼 요즘 참고래의 멸종 위기는 주원인이 무엇일까? 미국 국립해양대기청(NOAA) 자료에 따르면, 우선은 교통사고다. 참고래는 봄여름엔 먹이를 찾아 북쪽 바다로, 가을겨울엔 번식을 하러 남쪽 바다로 먼 거리를 이동한다. 그런데 수영속도가 화물선 보다 느리다(시속 10km). 경로도 뱃길과 겹친다. 그래서 교통사고가 많다. 다음은 낚시장비다. 75%의 참고래가 일생에 한 번 이상 낚시장비에 걸린다. 그럼 몸부림치다 상처가 나고, 지느러미가 줄에 엉켜 헤엄을 칠 수가 없다. 교통사고와 낚시장비에 걸려 죽는 비율이 무려 58%다. 1980

년 기대수명이 52살에서, 1995년 14살로 줄어들었다.

대부분의 북대서양참고래는 겨울철에는 남쪽, 미국 남동부의 얕은 연안 해역으로 이동한다. 암컷은 그곳에서 새끼를 낳는데 3~5년마다 한 마리를 낳는다. 봄이 되면 고래는 새끼를 데리고 북쪽으로 이동해서, 그곳에서 새끼들을 키운다.

참고래는 어디에서 새끼를 낳을까? 과학자들이 찾아내려고 애를 쓰는데 아직은 잘 모른다. 아무리 전자태그로 추적을 해도, 몇몇 고래들은 매년 알려지지 않은 곳으로 사라져버린다. 어떻게 연구원들이 몇 년 동안 추적했던 커다란 고래들을 한꺼번에 놓칠 수가 있을까? 물론 고래는 크다, 하지만 바다는 그보다 훨씬 더 크다.

이빨고래와 수염고래의 차이

고래는 약 90종이 있는데 크게 이빨고래와 수염고래로 나뉜다. 이빨고래는 범고래, 향고래, 돌고래가 있다. 물고기, 대왕오징어, 바닷새, 물범, 몸집이 작은 고래를 잡아먹는다. 이빨고래 중에서 크기가 4미터 이하인 이빨고래들을 돌고래라고 부른다. 이빨고래들은 날카로운 이빨로 먹이를 잡지만 보통 먹이를 씹지 않고 통째 삼킨다. 반면, 수염고래는 위턱으로 연결된 섬유질의 수염판이 있어서, 크게 물을 입안으로 마신 후 이 수염판으로 체처럼 걸러서 바닷물을 내보낸다. 그리고 입속에 남은 물고기나 크릴새우들을 삼켜서 먹는다. 피닉스도 수염고래다. 피닉스는 하루에 크릴새우를 약 1톤 가까이 먹는다.

참고래는 길이 18미터, 무게 64톤까지 자란다. 크기는 하지만 가장 큰 고래

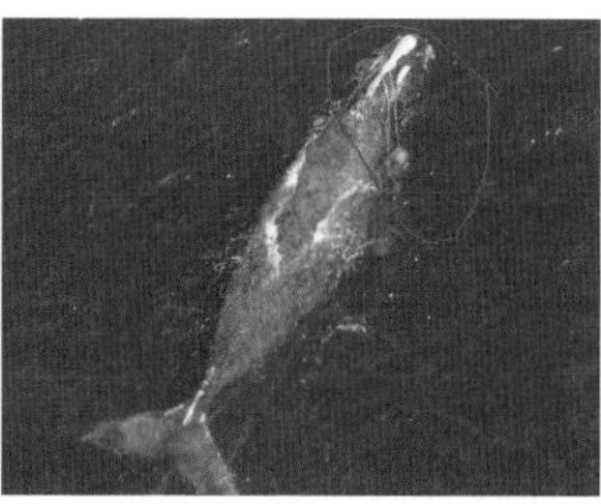

새끼를 데리고 미국 조지아 플로리다 연안에서 수영하는 참고래 피닉스

는 흰수염고래다. 몸이 청회색 바탕으로 되어 있어서 영어로는 'Blue Whale'이라고 부른다. 대왕고래는 정말 크다. 보통 길이 24~27미터에 몸무게 110톤까지 자란다. 흰수염고래는 갓 태어난 새끼도 몸길이가 7미터에 몸무게가 2.7톤이나 된다. 젖만 먹으면서 하루에 몸무게가 90킬로그램씩 늘어난다. 그래서 새끼 한 마리가 6개월 동안 먹는 젖이 40톤이 넘는다.

고래는 깊은 바다까지 오래 잠수할 수가 있다. 근육조직에 산소를 저장할 수 있는 미오글로빈을 갖고 있기 때문이다. 미오글로빈은 헤모글로빈보다 3~10배 정도나 더 산소와 잘 결합한다. 고래 중에서 가장 잠수를 잘하는 것은 '향유고래'이다. 보통 수심 400~3000미터까지 1시간 가까이 잠수해서 대왕오징어, 상어 등을 잡아먹는다. 고래 중에서 가장 사나운 것은 범고래다. 보통 5.5~10미터 정도 크기인 이 고래는 물고기와 물범, 상어도 잡아먹고, 심지어 자기보다 더 큰 다른 고래까지 잡아먹는다. 그래서 별명이 '킬러고래'다. 대개 6~7마리가 함께 뭉쳐서 협동작전으로 사냥을 한다.

5천만 년 전 육지 동물 파키케투스에서 진화된 포유류

고래는 바다로 돌아간 포유류다. 어째서 물고기가 아니고 포유류일까? 포유류는 젖과 털과 귓속뼈, 이 세 가지 공통점이 있다. 고래는 이 세 가지 중 새끼를 낳고, 귓속뼈로 소리를 듣고 소통을 한다. 그런데 고래는 몸에 털이 없다. 털 대신에 피부 밑에 있는 두꺼운 지방층이 단열을 담당한다. 특히 추운 물속에서 지내는 고래들은 지방층이 유난히 두꺼워서 두께가 최대 50센티미터인 것도 있다.

약 5000만 년 전 파키케투스는 육지에서 살았다. 생김새는 개나 늑대를 닮았고, 발굽이 있었다. 한동안 물과 육지를 오가며 생활하다가 완전히 물속으로 이동해서 살게 되었다. 약 4000만 년 전부터는 고래의 모습을 갖추기 시작했다. 머리가 커지고, 다리가 짧아지면서 발가락 사이가 붙었다. 다리는 지느러미로 바뀌었다. 고래가 오늘날의 모습으로 진화하게 된 것은 약 100만 년 전부터다. 그 과정에서 털도 점점 퇴화해 피부가 매끄럽게 바뀌었다. 하지만 아직 그 흔적이 남아있다. 고래의 새끼는 엄마의 자궁 속에서 자라는 동안 털이 있는 상태로 자란다. 또 수염고래는 머리에 서로 떨어져 있는 몇 줄의 털이 있기도 하다.

그런데 보통 고래가 죽으면 어떻게 될까? 고래의 사체는 심해에 가라앉으면, 먹장어나 그린란드 상어, 심해 게 같은 심해 청소동물들의 먹이가 된다. 30톤짜리 고래가 18개월 만에 뼈만 남는다. 그다음 다모지렁이, 달팽이, 두건새우 등이 나머지를 먹는다. 다음에는 뼈를 먹는 좀비지렁이가 털 카펫처럼 달라붙는다. 마지막으로 하얀 세포를 가진 박테리아들이 나타난다. 이래서 고래 한 마리의 뼈가 바다 밑바닥에서 3만 마리가 넘는 생물들의 안식처가 된다. 결국 거대한 고래도 죽어서 자연으로 돌아가는 것은 마찬가지다.

작지만 무한한 곤충의 세계

"곤충의 세계는 무한하다. 곤충은 작기 때문에 사람들로부터 오해받고 있다. 곤충을 올바르게 판단하려면 그들의 일을, 사회를 응시하라. 그리고 이해하라. 그렇게 저열한 기관으로, 그렇듯 위대한 사업을 완성하는 그들을. 곤충에겐 언어가 없다. 그들은 소리로 떠들지 않는다. 표정으로 이야기하지 않는다. 그렇다면 그들은 무엇으로 자기를 설명하는가? 그들은 그들의 힘으로 이야기한다."

쥘 미슐레는 자신의 책 〈곤충〉에서 곤충의 위력을 이렇게 표현했다.

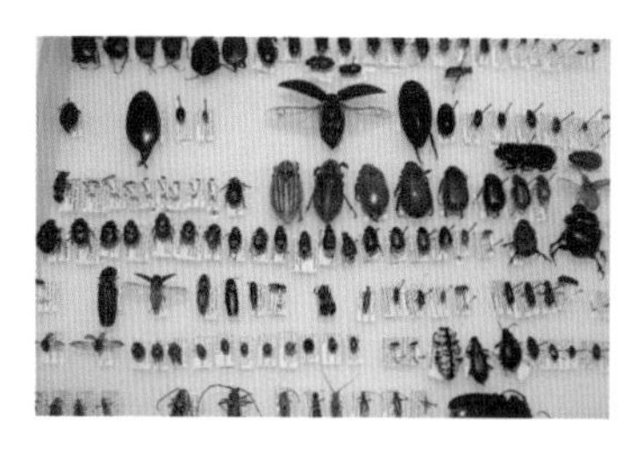

박물관에 전시된 곤충들. 미국에서 보고된 곤충은 9만1000종, 풍뎅이는 2만3000여 종이다.

최대 3천만 종 추정, 현재 알려진 것은 90만 종

쥘 미슐레의 말처럼, 곤충의 세계는 알수록 놀랍다. 스미스소니언 자료에 따르면 지구상의 포유류가 약 5000여 종, 조류가 약 2만 종인데, 현재 이름이 알려진 곤충은 90만 종이다. 지구에 있는 종의 80% 이상이 곤충이다. 과학자들은 과학적으로 이름을 붙이지 않은 곤충들이 적어도 약 200만 종은 더 될 것으로 추산한다.

라틴 아메리카 우림지역의 연구 결과를 바탕으로 미국 스미스소니언박물관의 곤충학자 테리 어윈은 약 3000만 종의 곤충이 있을 것으로 추정한다. 지금까지 미국에서 보고된 곤충은 약 9만 1000종이다. 종류별로는 풍뎅이 2만 3700종, 파리 1만 9600여 종, 개미나 벌 등 1만 7500여 종, 나방과 나비 1만 1500여 종이다. 그 외에 보고되지 않은(이름 없는) 종이 약 7만 3000종이다. 전체의 4분의 1은 풍뎅이인데, 이것은 전체 식물의 수보다 더 많은 숫자다.

그렇다면 지구에 사는 곤충의 개체 수는? 약 수십 해(垓)다. 10해는 1조의 1억 배다. 너무 커서 감이 안 잡힌다. 단위 면적 당 마리 수를 알아 보는 것이 더 나을 것 같다.

몇 가지 재미있는 실험 결과들이 있다. 북부 캐롤라인에서 5인치 깊이로 1에이커(약 1224평)의 면적에 사는 동물들을 조사했더니, 1억 2400만 마리였다. 그중 진드기가 9000만, 톡토기(springtail)가 2800만, 다른 곤충들이 450만 마리였다. 펜실베이니아 주에서 조사한 또 다른 결과는 1에이커당 동물 4억 2500만 마리가 있고, 그중 진드기가 2억 900만, 톡토기 1억 1900만, 다른 절지류가 1100만 마리였다. 방아벌레의 애벌레만 조사했더니, 에이커당 300만

~2500만 마리였다. 인구 비례로 보면, 사람 한 사람당 2억 마리의 곤충이 살고 있다고 한다.

하루 4만3천 개 알 낳는 개미도

벌과 개미는 사회성이 강하다. 이런 곤충들은 그 집 안에 사는 개체 수가 많다. 자메이카의 개미집 하나에서는 63만 마리가, 남미의 흰개미집은 300만 마리가 보고된 것도 있다.

곤충들은 생식능력이 뛰어나다. 동부 아프리카의 여왕 흰개미는 2초에 하나씩 알을 낳는데, 하루에 약 4만 3000개의 알을 낳는다. 집파리 한 마리는 약 1천 개의 알을 낳는다. 이 중 암컷이 반이고, 한 쌍이 알을 낳는 대로 모두 부화되어 살아남는다면 불과 5개월 만에 190해(垓) 마리가 된다. 물론 그런 일이 실제 일어나지는 않는다. 천적이 있어서 한 종류만 많아지는 일은 없다. 그것이 자연이 가진 생태계의 오묘함이다.

곤충은 절지동물이다. 다리에 관절이 있고, 몸 안의 뼈가 없는 대신 몸 밖의 딱딱한 피부인 외골격을 가지고 있다. 머리·가슴·배의 구조에 날개는 두 쌍, 네 개가 기본이다. 파리처럼 뒷날개가 퇴화되어 한 쌍만 남은 것도 있고, 없는 것도 있다. 다리는 여섯 개다. 한 쌍의 안테나가 있다. 눈은 두 개의 겹눈과 세 개의 홑눈이 기본이다. 겹눈을 이루고 있는 눈 하나하나는 각각 각막과 수정체 등을 가지고 있어서 눈마다 사물의 모습이 각각 보인다. 그래서 겹눈을 가진 생물은 사물의 모습을 마치 모자이크처럼 보게 된다. 겹눈은 홑눈에 비해서 시력이 떨어지지만, 수많은 눈이 물체를 동시에 인식하기 때문에 아주 작은 움직임도 놓치지 않고 볼 수 있다. 거미류, 지네류, 갑각류, 노래기 등은 절지동물이지만 곤충은 아니다.

벌은 꿀 1파운드 위해 1천만 번 여행

곤충들의 특별한 능력도 재미있는 게 많다. 많은 곤충들은 자신의 체액을 글리세롤로 바꿔 부동액처럼 얼지 않게 해서 겨울 추위에 살아남는다. 개미는 자기 몸무게의 50배를 들 수 있고, 꿀벌은 자기 체중의 300배를 끌어당긴다. 벼룩은 약 30cm를 점프한다. 자신의 키의 200배이다. 집파리는 다리로 설탕을 찾아내는데, 사람의 혀보다 1천만 배 더 예민하다. 실크 나방의 수컷은 대기 중에서 1㎤의 공기 안에 있는 25해(垓) 개의 분자 중에 수백 개의 비율로 존재하는 암컷의 화학분자를 냄새로 알아낸다.

곤충은 부지런하다. 티끌 모아 태산이다. 1파운드(0.453592kg)의 꿀을 만들기 위해 꿀벌은 1000만 번의 여행을 한다. 실크 1파운드를 만드는 데에는 누에 2000마리가 필요하다. 곤충들의 3분의 1은 육식성이고, 대부분은 썩은 고기나 배설물보다 먹이를 사냥해서 먹는다.

프랑스 생레옹에 있는 파브르 동상. 파브르는 56세에 곤충기 집필을 시작해 3년에 한 권씩 30년간 10권을 완성했다.

〈파브르 곤충기〉 56세부터 3년에 한 권씩 84세에 10권 완성

1915년 10월 11일은 프랑스의 곤충학자 파브르(Jean Henri Fabre, 1823~1915)가 사망한 날이다. 그는 60여 년 동안 끈질긴 관찰과 실험을 통해 곤충의 본능과 습성을 연구했다. 56세 때부터 〈곤충기〉를 쓰기 시작해서, 대략 3년에 한 권씩 84세 때 10권을 완성했다. 그럼에도 처음처럼 놀라움과 감격으로 일관되어있다.

파브르는 〈곤충기〉에 다음과 같이 썼다. "왕노래기벌이 먹이를 사냥할 때, 일격에 상대의 중추를 찔러서 산 채로 움직이지 못하게 하는 것을 알았다. 죽여서는 안 된다. 먹이가 썩기 때문이다. 날뛰어서도 안 된다. 유충이 살해당한다. 이 두 가지 요구를 절묘하게 충족시키는 곤충의 본능이 얼마나 정교한가!"

그는 다윈의 진화론을 믿지 못했다. 그러나 비둘기의 귀소본능을 궁금해하는 다윈의 편지를 받고, 미장이꽃 벌의 귀소본능에 대해 자석침으로 실험을 하기도 했다.

〈파브르 곤충기〉를 읽다 보면 시간 가는 줄을 모른다. 10권짜리 책 하나하나가 다 재미있다. 여러 가지 곤충의 생태를 쉽고 아름다운 문장으로 묘사했다. 그래서 파브르의 별명이 '곤충의 시인'이다. 평생을 곤충과 자연을 벗하면서 '철학자처럼 생각하고, 예술가처럼 사물을 보며, 시인처럼 느낌을 표현했다'는 평가가 딱이다. 과학에도 재미와 느낌과 감동이 중요하다는 생각을 절로 하게 된다.

평균 수명 100세 시대 살아가기

늙지 않고 건강하게 오래 사는 것. 모두가 바라는 바다. 이걸 가능하게 하는 건 질병의 정복과 생명공학의 발달이다.

2008년 노벨의학상은 자궁경부암을 일으키는 바이러스(HPV) 발견자와 에이즈 바이러스(HIV)를 발견한 과학자들 세 사람이 공동 수상했다. 바이러스 발견은 백신 개발이 가능하다는 의미다. 2008년 현재 세계의 에이즈 감염자는 3300만 명. 남아공은 성인 3명 중 한 명이 에이즈에 감염돼있다. 과연 '20세기 신의 형벌'로 여겼던 에이즈를 치료할 수 있을까? 사람들은 막연히 생각했다.

그런데 생각보다 빠르다. 사이언스지는 2011년 10대 과학기술 연구 성과를 선정했다. 1위가 '에이즈(AIDS) 치료제 개발'이다. 미국 연구진이 인간 면역결핍 바이러스(HIV)에 감염된 초기 환자들에게 항레트로바이러스제를 투여하

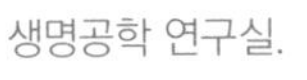
생명공학 연구실.

자 전염률이 96%나 떨어졌다. 병세가 악화되기 전에 예방치료제 투입이 효과가 있다는 얘기다. 결국 에이즈 정복의 가능성이 바짝 다가온 것이다.

할머니 백 살까지 사세요?

앳된 증손주가 생신을 축하한다며 오래 사시라는 의미로 "할머니 백 살까지 사세요"라고 말하자 순간 잔칫상 주변이 썰렁해진다. 할머니가 이미 100살을 맞이했기 때문. 할머니가 "내가 지금 100살인데~? 이백 살까지 살아야지"하자 가족들이 깔깔 웃는다. TV 광고 얘기다.

앞으로 사람은 몇 살까지 살 수 있을까? 예측 불가다. 역사를 살펴보면 지금까지 인간 수명은 획기적으로 늘어났다. 로마 시대 귀족들의 평균 수명은 25세였다. 14세기 유럽은 38세. 비누를 발명하자 유럽 평균 수명이 10년 늘었다. 20세기 초 미국 백인 남자들의 평균 수명은 47세였다. 그러나 페니실린의 발명으로 역시 10년 이상 늘었다.

1960년대 한국인의 평균 수명은 58세. 88올림픽 때 평균 수명은 68세다. 그러나 이미 한국인의 평균 수명이 80세를 넘어섰다. 정부는 2011년 10월

2040년에 평균 수명 90세를 예측했다. 너무 보수적이다. 불과 두 달 후인 2011년 12월 정부 산하 14개 기관이 참여한 '100세 시대 종합 컨퍼런스'가 열렸다. 80세 기준이던 생애 주기를 100세에 맞추고 개인과 사회 전 분야를 다시 설계해야 한다는 거다.

10년 전, 과학계에서 2020년에 인간의 평균 수명이 120살을 넘을 거라는 전망을 했을 때 사람들은 잘 믿지 않았다. 아직까지 120살은 좀 무리인 것 같다. 그러나 언젠가는 그럴 것 같다는 생각을 사람들이 하기 시작했다.

노화 문제에 도전하는 과학

1932년 발표한 공상과학소설 〈멋진 신세계〉에서 올더스 헉슬리는 공장에서 태어난 미래 인간들이 25세가 되면 노화가 정지되고 80세까지 건강하게 살다 무통 사망하는 세상을 그렸다. 그가 상상했던 80세 수명은 이미 실현됐다. 남은 것은 노화의 정지다.

그래서 요즘 과학이 노화 문제에도 도전장을 내고 있다. 2009년 노벨생리

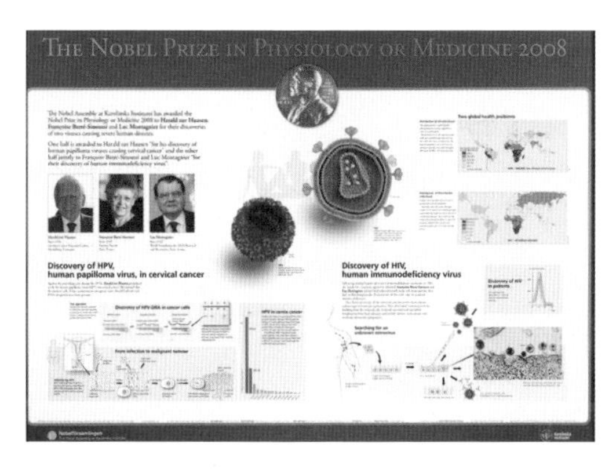

노벨위원회가 제작한 2008년 노벨생리의학상 포스터. 노벨위원회는 수상자가 결정되면 수상자의 업적으로 포스터를 한 장씩 만든다.

의학상은 미국 샌프란시스코 캘리포니아대의 엘리자베스 블랙번 교수(61), 존스홉킨스대 의대 캐럴 그래이더 교수(48), 하버드대 의대 잭 소스택 교수(57)가 공동 수상했다. 이들이 세포의 노화 및 세포사와 관련된 기전을 밝힘으로써 '세포가 분열할 때 유전정보가 담겨있는 염색체가 어떻게 분해되지 않고 완벽하게 복제될 수 있는가'라는 생물학의 근본적 의문점을 해결했다는 것이 선정 이유다.

한마디로 '텔로미어'에 관한 연구다. 인간의 세포는 평생 동안 50회 내지 100회 정도 세포분열을 한다. 세포의 염색체 끝부분에는 염색체를 보호하는 뚜껑 구실을 하는 게 달려있다. '텔로미어'다. '텔로미어'는 세포분열을 할 때마다 길이가 짧아진다. 텔로미어 길이가 일정 이하가 되면 세포의 수명이 끝난다. 그때부터 노화가 진행된다.

암세포에도 텔로미어가 있다. 암세포의 85%는 세포분열을 해도 텔로미어가 짧아지지 않는다. 텔로머라제라는 효소 때문이다. 이 효소가 분비되면, 텔로미어의 길이가 줄어들지 않고 세포분열을 계속한다. 그러나 암세포의 텔로머라제 활성을 떨어뜨리면 암세포도 결국 죽게 된다. 불치병으로 손도 써보지 못했던 여러 가지 암들도 정복이 가능할 것이다.

텔로머라제로 늙은 쥐 회춘

과학기술이 세상을 바꾼다. 새로운 발견이나 발명으로 당연하게 여겼던 상식이 바뀐다. 이것을 토마스 쿤은 '패러다임 변화'라고 했다. 그런데 이게 갑자기 일어난다. 앞의 것을 완전 부정하고 혁명을 일으킨다. 이게 과학혁명이다.

혁명기에는 혼란스런 일들이 생긴다. 특히 혼란스러워지는 게 인간관계다. 시험관 아기와 대리모 출산이 그 예다. 인공 수정으로 대리모의 자궁에서 태어난 아기의 엄마는 누구인가? 이건 이미 오래된 문제다.

기존의 가족관계도 빠르게 바뀌고 있다. 2007년 세계미래학회 파비안느 회장은 이미 유럽 일부가 '인생 3모작 시대'에 들어섰다고 했다. '인생 3모작 시대'란 사람이 일생 동안 3번 결혼하는 시대가 될 거라는 말이다. 그럼 각각 3번째 결혼으로 만난 부부의 전전 부부 사이에서 낳은 자손들끼리는 어떻게 될까? 혼란스럽다. 그래서 가족의 개념이 달라지고, 일찍부터 독립해서 살기 때문에 새로운 소형 주택들이 많이 필요할 거라는 얘기였다.

2013년 구글은 칼리코(Calico)라는 바이오벤처 회사를 만들었다. 책 〈특이점이 온다〉의 저자 레이 커즈와일이 구글에 합류한 뒤다. 그리고 2018년에는 칼리코사가 500세 프로젝트를 추진한다는 기사가 나왔다. 벌거숭이 두더지를 연구해 노화의 비밀을 밝힐 수 있다고 했다. 벌거숭이 두더지는 생쥐들의 수명에 비해 10배 이상을 산다고 한다. 그것을 사람에 대입하면 500살은 충분히 살 수 있다는 얘기다. 아직은 잘 믿기지 않는다. 그러나 이제는 완전히 부정하는 사람도 많지 않다. 다만 그로 인해 생기는 세상이 어떤 세상일지 잘 상상이 되지 않는다.

그에 따라 발생하는 사회적 문제는 정답이 있는 것도 아니기 때문이다. 해결도 쉽지 않다. 꾸준한 논의와 패러다임의 전환이 필요할 뿐이다.

Sony Ericsson

12:20

Connected to Leanback
screen

Papiroflexia
YouTube

The LSD No-No by James
Blagden
04:32
Lucky- All India Radio/ Dee Pee
Studios
03:20
Are You The Favorite Person of
XPERIA
WIKIPEDIA
The Free Encyclopedia

5

과학으로
세상 읽기

박물관·과학관 관람법
'하나 고르기'

프랑스에선 학생들이 한 주는 박물관, 한 주는 미술관, 또 한 주는 과학관이나 자연사박물관, 이런 식으로 매주 현장 학습을 간다. 학생들은 전시물을 다 보지 않고 마음에 드는 것 하나만 골라 그리거나 노트에 적어온다. 나머지 시간은 그냥 즐겁게 논다.

초등학생은 집중력 최대 40분

우리나라에도 초·중·고교에 창의체험 시간이 매주 3~4시간씩 생겨 과학관이나 박물관을 찾는 사람들이 늘었다. 그러나 박물관이나 과학관을 가보면 아이보다 아이를 데리고 온 엄마들이 더 바쁘다. 이것도 보여주고, 저것도 보여주고, 많이 보여주고 싶은 욕심에 피곤해하는 아이를 여기저기 끌고 다니며 설명해주기 바쁘다. 그러나 아이는 잠깐 보고 자기가 마음에 드는 것에만 계속 붙어있고 싶어 한다. 어떤 엄마는 그러는 아이를 야단치기까지 한다.

이러는 데는 몇 가지 이유가 있다. 우선 어린이의 심리상태에 대한 인식 부족 때문이다. 대개 초등학생까지는 한 가지 일에 집중하는 시간이 대략 40분이다. 그래서 초등학교 수업시간은 40분, 중학교 45분, 고등학교 50분이다. 집중력이 좋은 고등학생들도 대개는 두 시간이 한계다. 그런데 이런 아이의 심리상태를 무시하고 한 번에 모든 것을 다 보여주려고 한다.

둘째, 박물관이나 과학관이 그저 한 번 가보면 되는 곳이라는 인식의 문제다. 미국이나 유럽의 경우, 박물관·과학관은 어쩌다 한 번 가는 곳이 아니라 자주 들르는 곳이다. 학교에서도 자주 가고, 주말이면 놀이터처럼 수시로 간다. 이번에는 공룡을 보고, 다음에는 포유동물을 보러온다. 그러니 여유가 있다.

셋째, 과학관의 입장료 시스템이다. 입장요금이 비싸거나, 자주 가기 어렵게 되어있다. 그래서 한 번 왔을 때 본전을 뽑고, 기왕 온 김에 끝장을 내려는 것이다.

해외 과학관의 입장료 '1회 입장 19달러, 1년 회원권 22달러'

그러나 영국의 국립박물관이나 국립자연사박물관 같은 곳은 입장료가 무료다. 미국 워싱턴의 국립미술관과 19개의 스미스소니언박물관도 모두 무료다. 물론 박물관은 유료인 곳이 더 많기는 하다. 그러나 입장료 시스템이 우리와는 다르다. 텍사스 휴스턴의 항공우주박물관은 1회 입장료가 19달러인데, 1년

세계 최고의 핸즈온 과학관인 샌프란시스코의 익스플로라토리엄 내부 모습.

입장권은 22달러다. 한 번은 관람객 요금을 다 받되, 더 자주 올 수 있게 요금을 정한 것이다.

세계 제일의 핸즈온(Hands on) 과학관인 샌프란시스코의 익스플로라토리엄은 연령대에 따라 입장료가 10~15달러다. 그러나 성인 한 명과 아이 두 명이 1년간 무료입장할 수 있는 연간 회원권은 65달러, 성인 두 명과 아이 네 명이 무료입장인 회원권은 90달러다. 또 연간 회원이 되면 전 세계 300개 과학관에서 할인을 받거나 무료입장이 가능하다. 게다가 매월 첫째 수요일은 누구에게나 무료다.

역시 샌프란시스코에 있는 '캘리포니아 과학 아카데미'는 친환경 건축과 최신 시스템으로 유명하다. 이곳은 입장료가 20~25달러로 꽤 비싼 곳이지만, 매월 셋째 수요일은 무료다. 이날은 문 열기를 기다리는 관람객이 수 킬로미터나 줄을 선다. 익스플로라토리엄과는 무료입장 날짜가 다르다. 따라서 샌프란시스코에는 매주 수요일이면 무료로 입장할 수 있는 과학관이 하나씩은 있는 셈이다.

실리콘 밸리의 새너제이 시에는 '더테크 과학관(The Tech Museum of Innovation)'이 유명하다. 이곳은 입장료가 12달러부터인데, 캘리포니아 주 안

새너제이에 위치한
'더테크 과학관'(왼쪽). 실리콘밸리의
첨단기술을 첨단기법으로 전시한다.
친환경 건축으로 유명한 캘리포니아
과학아카데미.(오른쪽)

에 있는 학교가 단체로 현장학습을 신청하면 무료다.

박물관·과학관 관람법의 핵심 '하나 고르기'

미국 스미스소니언박물관에서는 뮤지엄 관람법을 가르쳐준다. 여러 가지 요령이 있지만 핵심은 '하나 고르기'다. '하나 고르기'란 박물관이나 과학관에서 가장 마음에 드는 것 하나만을 골라 그것을 그리거나 글로 적어보는 것이다. 이때 매우 중요한 규칙이 있다. 절대 두 개는 안 되고 꼭 하나만 골라야 한다는 것이다. 그리고 관람 후 토론시간에 발표한다. 자기가 왜 그것을 골랐는지 그 이유도 발표한다.

하나 고르기는 정말 매력적이다. 하나 고르기를 하는 순간, 하나 고르기의 마법이 시작된다.

대부분의 경우 여러 전시물 중 마음에 드는 것이 몇 개 있기 마련이다. 그러나 하나 고르기를 위해 관람객은 관찰을 시작한다. 그리고 그것들을 비교하고 결국 하나로 의사결정을 한다. 이 과정에서 다른 것을 버리고 그 하나를 선택하는 이유가 명확해진다. 두 번째는 그것을 그리거나 쓰는 것의 위력이다. 전시물 하나를 그리거나 쓰면서 지식이 명확해진다.

강연을 하면서 청중들에게 벌 사진을 보여주고 종이에 벌을 그려보라고 했다. 지금까지 벌을 제대로 그린 사람을 본 적이 없다. 이유는 간단하다. 한 번도 벌을 관찰한 적이 없기 때문이다. 벌의 날개가 한 쌍인지 두 쌍인지, 벌의 침은 입에 있는지, '똥침'인지, 벌의 눈이 홑눈 세 개이고 겹눈 두 개인지를 한 번도 본 적이 없기 때문이다.

거미를 얘기하면 "거미는 곤충이 아니다. 다리가 여덟 개니까." 바로 답이 나온다. 그러나 거미 눈은 몇 개냐고 물으면 대부분 모른다. 그리고 거미 눈이 여덟 개라는 사실에 깜짝 놀란다.

레오나르도 다빈치에게 달걀꾸러미를 그리게 한 후 스승 베로키오는 이렇게 말했다. "1000개의 달걀이 있다 해도 모양이 같은 것은 단 하나도 없다. 서로 다른 각도에서 보면 전부 다르다. 따라서 1000개의 달걀은 제 나름의 차이를 다 가지고 있다." 이제부터 과학관, 박물관을 갈 때 '하나 고르기'를 꼭 해 볼 것을 권한다.

〈박물관이 살아있다〉를 촬영한 뉴욕의 미국자연사박물관에서 '하나 고르기'로 관람한 후 토론하는 모습.

웹 3.0시대가 원하는 교육

옛날 서당 교재 〈추구집(推句集)〉에 나오는 '군사부일체(君師父一體)'라는 말은 임금과 스승과 아버지를 똑같이 존중하라는 뜻이다. 오늘날 이 말은 〈두사부일체〉 같은 조폭 코미디 소재로나 쓰일 뿐이다.

'스승'이라는 단어에는 존경의 의미가 담겨있다. 요즘은 스승이라는 단어 자체가 생소하다. 그나마 '선생님'이라는 단어가 살아있는 게 다행이다. 편견인지 모르겠지만 '교사'라는 단어는 사제 간의 인격적 관계보다는 지식의 전달자라는 기능적 느낌을 준다.

IT 발달로 교육 분야에도 혁명

그런데 요즘 그 '지식을 전하는' 교사의 역할에도 변화가 생기고 있다. 인터넷

이 '웹 2.0', '웹 3.0'으로 진화하면서 교육의 패러다임도 '교육 2.0', '교육 3.0' 시대로 같이 변하기 때문이다.

초기 인터넷시대를 '웹 1.0시대'라고 한다. 다음이나 네이버 같은 포털과 소수의 매체가 인터넷에 콘텐츠를 올리면 사용자들은 읽고 댓글 달기가 고작이었다. 그러다가 싸이월드나 마이 스페이스, 블로그가 나오면서 누구나 자신의 이야기를 자유롭게 인터넷에 올릴 수 있게 됐다. 그리고 마침내 유튜브의 등장으로 동영상까지 마음대로 올리는 세상이 됐다. 그래서 타임지는 2007년 '올해의 인물'을 'You'로 선정했다. 당신이 인터넷 세상의 주인공이라는 뜻이다. 이것을 웹 2.0시대라고 한다.

이어 스마트폰, 아이패드와 함께 트위터나 페이스북 같은 소셜 네트워크가 등장했다. 스마트폰이나 아이패드로 언제 어디서나 소통이 가능하다. 개인이 올린 정보가 순식간에 세계로 퍼져나간다. 카카오톡은 스마트폰으로 수백 명이 동시 채팅이 가능하다. '모든 것이 이 손 안에 있소이다'가 현실이 됐다. 이게 웹 3.0이다.

집단지식의 위력, 위키(wiki)시대가 온다

위키피디아와 유튜브, 그리고 스마트폰은 교육 분야에도 혁명을 일으키고 있다. 위키피디아(Wikipedia)는 오픈 6년 만에 브리태니커 백과사전의 28배 자료를 확보했다. 매일 16만 명이 내용을 업데이트한다. 2007년 4월부터 10월까지 6개월 동안 17~27%의 언어별로 새로운 단어가 등록됐다. 영어 위키백과는 2017년 기준으로 553만 단어가 등록됐다. 정확성도 거의 대등한 수준이다.

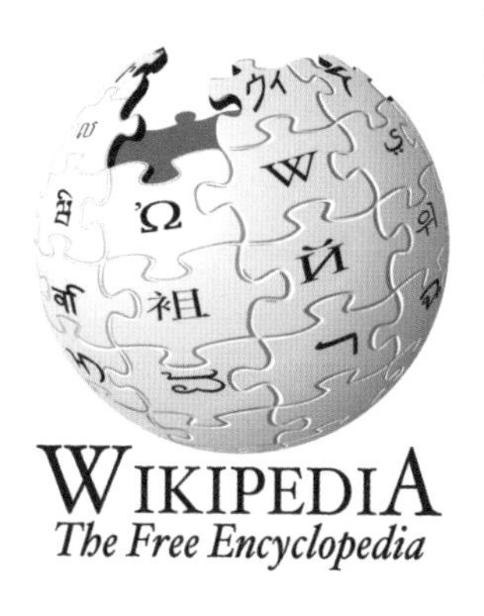

웹 2.0시대의 주인공 유튜브.
오른쪽은 위키피디아 로고.

2007년 4월부터 10월까지 불과 6개월 동안만 언어별로 17~27%의 새로운 단어가 등록됐다. 이게 '집단지식'의 위력이다. 지식의 양이 엄청난 속도로 늘어나는 것이다.

브리태니커 백과사전도 2010년 이후로는 온라인 서비스만 한다. 영어사전 중 가장 권위 있는 옥스퍼드 영어사전은 2010년 11월부터 인쇄본을 포기하고 온라인으로만 사전을 낸다.

위키(wiki)는 누구나 '편집할 수 있다'는 뜻이다. 앞으로 사전은 딕셔너리(Dictionary)에서 윅셔너리(Wiktionary)로, 방송사나 신문사의 뉴스도 위키뉴스(Wikinews)로, 대학도 유니버시티(University)에서 위키버시티(Wikiversity)로 바뀔 것이다. 그래서 위키피디아는 이미 위키버시티(Wikiversity)재단을 설립했다.

전통적인 교육 패러다임을 '교육 1.0시대'라고 한다. 교육 1.0시대에는 교실에서 교사가 학생들에게 교과서의 내용을 가르친다. 평가는 받아쓰기와 객관식 문제로도 충분하다. 문제의 답은 오직 하나뿐이다. 휴대전화는 학교에서는 압수다. 그러나 새로 개발된 컴퓨터 프로그램 같은 것은 학생들이 먼저 안다. 선생님은 모른다. 학생들은 이런 것들을 교사에게서 배우는 것 외에 자기들끼리도 서로 배운다. 그러나 거기까지다. 정해진 과정 안에서 정해진 내용을 배운다. 이것을 '교육 2.0시대'라고 한다.

창의 체험이 대세인 '교육 3.0'시대

그러나 집단지식의 시대는 다르다. 교사나 교수들이 학생들과 지식을 공유한다. 함께 새로운 지식을 만들어간다. 지식 자체가 변하고 진화한다. 많은 지식을 외우는 것보다 새로운 지식을 만들어내는 소양이 더 중요하다. 이것이 교육 3.0시대다.

그래서 입학사정관 제도가 생겼고, 2011년부터 각 학교마다 매주 3~4시간씩 창의체험 시간이 생겼다. 그런데 전반적으로 창의체험에 대한 이해가 부족한 것 같다. 우선 떠나야 한다. 교실을. 체험을 위해!

체험과 관찰을 하면 경험이나 현재 알고 있는 것으로 이해되지 않는 것들이 생긴다. 그래서 체험과 함께 탐구와 토론에 초점을 맞춰야 한다. 정답은 없다. 선행학습은 중요하지 않다. 하나를 파고들며 탐구하되 다른 관점에서 보

스마트폰의 등장으로 웹 2.0에서 웹 3.0시대로 진입하게 되었다.

고, 다르게 생각하는 게 중요하다. 교사의 역할은 정답을 알려주는 게 아니라 학생이 스스로 질문하고 탐구하도록 돕는 것이다.

당신은 아무것도 가르칠 수 없다, 스스로 발견하게 도와줘라"

수학자이자 초기 인공지능 개척자인 시모어 페이퍼트는 컴퓨터가 학습을 바꿀 수 있다고 일찍부터 생각했던 사람이다. 그는 탐구에 대해 이렇게 말했다. "사람들에게 그들이 알아야 할 모든 것을 가르칠 수는 없다. 당신이 할 수 있는 최선의 것은 그들이 알아야 할 필요가 있을 때, 알아야 할 것을 발견할 수 있는 곳으로 데려다주는 것이다."

천재 과학자 갈릴레이도 이것을 이미 간파하고 있었다. 그래서 이렇게 말했다. "당신은 사람에게 아무것도 가르칠 수 없다. 다만 그가 스스로 발견하도록 도와줄 수 있을 뿐이다."

탐구학습의 개념 이해를 돕기 위해 선배들이 간파했던 '과학교육과 탐구'에 관한 생각들을 소개한다.

- 아이들에게 과학을 가르치려고 하지 마라. 단지 과학에 취미를 갖도록 하라. - 장 자크 루소
- 실제의 경험과 교육은 떼려야 뗄 수 없는 관계다. 과학의 모든 위대한 진보는 새롭고 대담한 상상에서 생겨났다. - 존 듀이
- 상상력이 지식보다 중요하다. 중요한 것은 끊임없이 질문하는 것이다.

미래, '특이점이 온다'

21세기 후반 들어와 새롭게 등장한 화두가 4차 산업혁명이다. 많은 사람들이 4차 산업혁명에 대해 궁금해한다.

4차 산업혁명이 등장한 것은 2016년 '세계경제포럼(World Economic Forum, 다보스포럼)'에서다. 불과 몇 년 되지도 않았지만 이제 4차 산업혁명은 거의 모든 분야에서 최대 이슈다. 워낙 동시다발적으로 변화가 빠르게 진행 중이라 대중은 정신이 없다. 도대체 지금 우리가 어디에 있고 어디로 가는지 가늠할 수가 없다.

클라우스 슈밥 다보스포럼 회장

G-N-R의 혁명

숫자 '3, 0, 7, 8, 5, 1, 4, 6, 9, 2'를 한번 보고 반복해보라. 쉽지 않다. 그러나 그 순서를 '1, 2, 3, 4, 5, 6, 7, 8, 9, 0'으로 하면 바로 가능하다. 이유는 질서가 있기 때문이다. 복잡하고 어려운 개념을 쉽게 정리하려면 스토리텔링이 필요하다.

4차 산업혁명도 마찬가지다. 대중에게 '복잡한 4차 산업혁명의 개념'을 간결하게 정리해주려면 스토리가 필요하다. 이를 위해 미래학자 레이 커즈와일(Ray Kurzweil)의 책 〈특이점이 온다(The Singularity is near)〉가 많은 도움이 된다.

커즈와일은 미래의 변화를 '중첩되는 G-N-R의 혁명'으로 정리했다. G는 유전학(Genetics), N은 나노기술(Nano Technology), R은 로봇(Robot)이다. 유전학은 정보와 생물이, 나노기술은 정보와 물리세계가 만나는 영역이다. 로봇은 결국 인간 지능을 훨씬 뛰어넘는 강력한 인공지능(AI, Artificial Intelligence)으로 발전할 것이다. 결국 G-N-R이 모두 정보혁명 'ICT의 서로 다른 세 얼굴'이다. 그 중심에는 인공지능이 있다.

G-N-R의 혁명들은 서로 얽히면서 진행된다. 우리 육체는 더 튼튼하고 더 역량이 뛰어나게 사이보그처럼 '업그레이드' 된다. 나노기술은 결국 합성생물학으로 연결된다. 3D 프린터로 장기를 만들어낼 수 있다. 몸속에는 나노봇 수십억 개가 혈류를 타고 움직이며 병원체를 물리친다. 머리에 나노봇 50억 개 정도를 주사로 주입하면, 우리 뇌는 나2노봇과 클라우드 컴퓨팅으로 연결된다. 오류가 있는 DNA는 곧 정상 DNA로 수정 편집이 된다. 몸 안의 독소는 다 제거된다. 사람들은 거의 죽지 않고 무한히 살 수도 있다.

레이 커즈와일은 로봇의 궁극적인 발달은 결국 인공지능으로 나타날 것으

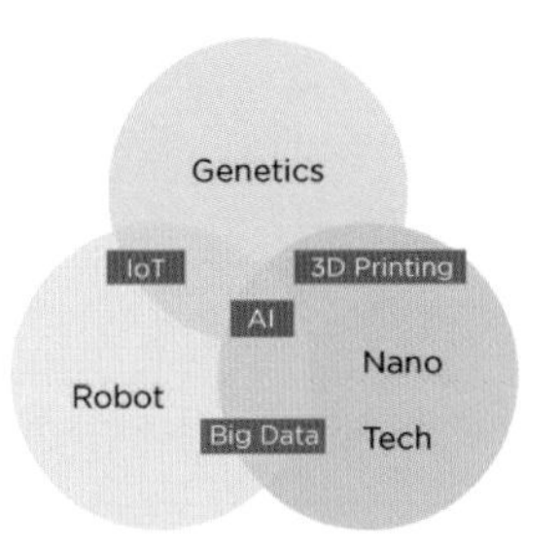

레이 커즈와일의 개념을 도해로 풀어본 그림

로 보았다. 그 인공지능이 인류 전체의 지능을 압도적으로 추월하는 시점이 올 것이고, 그것을 '특이점'이라고 불렀다. 이러한 변화는 이미 빠른 속도로 모든 영역에서 진행 중이다. 변화는 처음에는 더딘 것처럼 보이지만, 기하급수적으로 늘어서 시간이 갈수록 놀라울 만큼 빨리 증가한다. 그 시기는 대략 2040년대 중반이 될 것으로 보았다.

하지만 커즈와일은 그런 미래를 비관적 관점으로 보지 않는다. 그가 내다보는 세상은 조지오웰의 〈1984〉나 올더스 헉슬리의 〈멋진 신세계〉 같은 디스토피아의 도래가 아니다. 책에 인용된 MIT 인공지능연구소의 공동설립자 '마빈 리 민스키'의 어록이 인상적이다. "로봇들이 지구를 물려받을까? 그렇다. 하지만 그들 역시 우리의 아이들이다." 드론과 자율운행자동차도 역시 로봇의 한 형태로 볼 수 있다. 2012년 화성에 도착해 화성탐사 작업을 벌이고 있는 '큐리오시티'도 역시 로봇이다.

혁명의 강력한 도구 사물인터넷(IoT)과 3D 프린터, 빅데이터

2013년 5월 레이 커즈와일이 한국에 와서 강연을 하면서 그는 기존에 얘기했던 G-N-R의 3가지 영역에 3가지의 새로운 도구들을 추가했다. 그는 이 도구들이 활용되면서 "미래 사회가 더 빠르게 특이점을 향해 변화해갈 것"이라고 했다. 3가지 새로운 도구들이란 바로 '사물인터넷(IoT)과 3D 프린팅과 빅데이터다.

사물인터넷은 온 세상을 연결하는 초연결의 핵심이다. 사물과 사물이 서로 정보를 주고받는다. 3D 프린터는 진화를 거듭한다. 1952년 MIT 랩에서 컴퓨터로 기계절삭 즉 (-)가공을 하는 CNC머신이 나오고 30년 후인 1983년 (-)가공이 아니라 (+)가공을 하는 3D 프린터가 나왔다. 다음 단계는 (±)를 동시에 하는 가공이다. 이미 3D 프린터로 출력을 하면서 절삭도 같이하는 (±)합성 3D 프린터 공작기계도 나왔다.

빅데이터의 활용은 이제 일상이 되었다. 함께 사는 가족과 본인도 모르는 임신 사실을 슈퍼마켓이 먼저 알고 임산부 용품 전단지를 보내오는 세상이 되었다. 구글과 위키피디아, 유튜브와 카톡, 페이스북 등 수많은 SNS가 스마트폰으로 우리 손안에서 우리 삶을 리드하고 있다.

죽지 않고 무한히 사는 시대는 올 것인가?

또 커즈와일은 말한다. 특이점이 오면, 사람들은 거의 죽지 않고 무한히 살 수도 있다고. 컴퓨터 본체를 새것으로 바꿔도 소프트웨어와 데이터는 그대로 다운로드해 옮겨 쓰듯이, 뇌 속의 소프트웨어는 낡은 육체를 교체해가며 바꿔 쓸 수도 있다. 그렇다면 과연 커즈와일의 예측은 얼마나 실현 가능성이 있을까? 몇 가지 사례를 찾아보자.

우선 유전학. 2009년 노벨생리의학상 수상 업적은 세포 노화의 메커니즘을 밝혀낸 것이다. 인간은 일생 동안 50~100회의 세포분열을 한다. 그때마다 염색체 끝에 있는 텔로미어의 길이가 조금씩 짧아진다. 이것이 노화다. 그런데 암세포는 노화가 되지 않는다. '텔로머라제'라는 효소 때문이다. 세포의 노화와 암 치료제 개발 등에 새로운 장이 열렸다. 실제로 하버드 의대에서는 2010년 가을 늙은 쥐에 텔로머라제를 주입하는 실험을 했다. 그 결과 늙은 쥐가 회춘하여 새끼까지 낳았다.

잘못된 유전자를 잘라내고 교체할 수 있는 '유전자 가위'

또 하나 유전학에서 획기적인 것은 '유전자 가위'다. DNA는 사이토신(C)과 구아닌(G), 아데닌(A)과 티민(T)의 네 가지 염기로 구성된다. 그리고 C-G, A-T끼리 결합해 이중나선구조를 이룬다. 1950년대 초, 이 사실을 처음 알아낸 왓슨과 크릭은 이렇게 말했다. "특정 쌍끼리만 결합할 수 있다는 것을 알게 되자 우리는 즉시 이것이 유전물질이 스스로 복제하는 기제가 아닌가 생각하게 됐다."고 그리고 1970년대에 와서 DNA 서열을 인지하고 잘라내는 '제한효소'가 발견되었다. 유전자 조작의 가능성이 열린 것이다.

이후 DNA에 결합하는 '탈렌' 단백질을 활용하는 방법도 나왔다. 그러나 모두 인식할 수 있는 염기서열이 너무 짧아서 문제가 있었다. 그러다가 'Cas 9' 단백질을 이용해 DNA 이중가닥을 잘라내고 다른 것으로 교체하는 3세대 크리스퍼(CRISPR)가 나왔다. 이것은 실제로 돼지에도 적용되었다.

최근에 더 나은 제4세대 유전자 조작기술이 개발되었다. 이것은 유전자 가위가 아니라, 단일 염기를 편집하는 '유전자 연필'이다. 말하자면, G-C 자리에 A-T 염기쌍이 들어가 있어서 돌연변이가 발생한 경우, 그것을 오려내지 않고

알파고 Lee와 이세돌의 바둑 대결

도, A를 G염기로 바꿔서 정상적인 G-C로 바꿔주는 것이다. 그러니 이제 잘못된 유전자를 얼마든지 교정할 수 있는 기술이 확보된 것이다.

인공지능 버전 1.0에서 2.0으로

그런가 하면 인공지능 버전 1.0격인 '알파고 Lee'는 2016년 이세돌과의 대국에서 4:1로 승리해 인공지능의 위력을 확실하게 보여주었다. 이어서 버전 2.0격인 알파고 마스터는 세계 랭킹 1위인 중국의 커제 9단을 3:0으로 완파했다. 구글의 알파고 실험은 계속되었다. '알파고 Lee'와 '알파고 Master'는 모두 인간의 기보를 학습해서 익힌 상태로 대국을 했다.

그러나 새로 등장한 '알파고 zero'는 다르다. 알파고 zero는 인간의 기보를 학습하지 않고, 바둑의 룰만 가르쳐주고, 스스로 바둑을 익혔다. 그 결과 36시간 만에 이세돌을 이긴 알파고 Lee와 같은 실력이 되었다. 72시간이 지나자 알파고 Lee를 100 : 0으로 꺾었다. 그리고 21일이 지나서는 버전 2.0인 알파고 Master도 완전히 이겼고, 그다음 40일이 지나서는 세계의 어떤 바둑선수도 다 이길 수 있는 상태가 되었다. 그래서 더이상 인간과 바둑을 두지 않겠다고 선언했다. 문제는 어떤 인간의 바둑 데이터도 없이 그랬다는 점이다.

'구글'이 실현하는 상상력의 세계

"어린이들은 아무리 엄격한 현실이라도 그것을 이야기로 본다. 그래서 평범한 일도 어린이의 세상에서는 예술화하여 찬란한 미와 흥미를 더해 머릿속에 전개된다.… 어린이는 모두 시인이다. 본 것, 느낀 것을 그대로 노래하는 시인이다…."

어린이날을 만든 방정환 선생의 '어린이 예찬'에 나오는 어린이의 특징이다.

어린이는 발상이 자유롭다. 그래서 엉뚱하기도 하지만 유머가 샘솟는다. 유치원에서 선생님이 물었다. "잃어버리기 쉬운 물건은?" 그랬더니 한 아이가 손을 번쩍 들고 대답했다. "만 원짜리요! 세뱃돈 받으면 만 원짜리만 없어져요." 엄마가 만 원짜리만 빼놓는 걸 알 리가 없었던 것이다.

자동차를 좋아하는 아이가 주차장을 지나면서 엄마에게 물었다. "저게 뭐야?", "응, 주차장이야." 다음 날부터 아이는 주차장을 사달라고 졸랐다. 한자를 배우기 시작했을 때다. TV에서 미스코리아 선발대회 프로를 보더니 물었다. "미스코리아 있잖아요. '미'가 '아름다울 미'인 건 알겠는데, '스 코리아'가 무슨 뜻인지 모르겠어요."

10의 100제곱 뜻하는 '구골'은 어린이 상상력의 산물

어린이들은 느낌을 그대로 표현한다. 10의 100제곱을 이르는 '구골'은 어린이가 만든 단어다. 1938년 미국의 수학자 에드워드 캐스너가 10^{100}을 뭐라고 부를까 생각하다 9살 난 조카딸 밀턴 시로타에게 묻자 밀턴은 '구골'이라고 했다. 1940년 캐스너는 제임스 뉴먼과 함께 쓴 수학과 상상이라는 책에서 '구골'을 소개했다.

10,000,000,000,000,000,000,000,000,000,000,000,000,000,000,000,000,000,000,000,000,000,000,000,000,000,000,000,000,000,000,000,000,000,000,000,000

10^{100}인 구골은 우주의 모든 원자의 수보다 많은 상당히 큰 수다. 모래 한 주먹이 모래알 1만 개 정도다. 해운대 바닷가의 모래알을 다 합쳐도 10^{20}이 안 된다. '불가사의'라는 수가 10^{64}이다. 관측 가능한 우주에 존재하는 모든 수소 원자의 개수 약 10^{79}~10^{81}개보다 크다. 그러나 캐스너는 '매우 큰 수'와 무한대의 차이를 보여주기 위해 구골을 생각해냈다.

이에 대해 코스모스의 저자인 천문학자 칼 세이건도 "무한대와 구골의 차이는 무한대와 1의 차이와 같다."고 했다. 캐스너는 또 10의 구골제곱(10^{googol})인 구골플렉스(googolplex)를 생각해냈다. 칼 세이건은 "구골플렉스를 숫자로 적으려면 우주보다 더 큰 공간이 필요하다."고 했다.

구골을 잘못 입력해 구글로 도메인 등록

구글(Google)은 웹 검색, 클라우드 컴퓨팅, 광고를 주 사업 영역으로 하는 인터넷 검색엔진 1위 업체다. 1995년 스탠퍼드 대학원 신입생 오리엔테이션에서 처음 만난 래리 페이지와 세르게이 브린은 의기투합해 백럽(Backrub)이란 검색엔진을 만들어 스탠퍼드대 웹사이트에 올렸다.

처음에 이들은 회사 이름을 '구골'로 하려고 했었다. '엄청난 규모의 검색엔진을 만들겠다'는 목표와 맞아서였다. 그러나 인터넷 도메인을 등록하려다가 입력하는 친구가 구골을 구글(google)로 잘못 입력했다. 그런데 그게 더 마음에 들었다. 그래서 google.com이 되었다.

마운틴 뷰에 있는 구글 본사도 구골플렉스를 변형시켜 구글플렉스라고 부른다. 구글플렉스에는 2~3층짜리 나지막한 건물이 모여있다. 직원들은 커다란 카페테리아 탁자에서 식사하고, 당구대와 에스프레소 기계가 있는 라운지에서 쉰다. 회사가 아니라 대학 캠퍼스 분위기다. 구글은 '직원들이 내부 일에만 집중하게 하겠다'는 생각을 실천에 옮기고 있다.

캘리포니아 마운틴 뷰에 있는 구글 본사.

구글의 인덱스에는 2008년 기준 1조 개의 웹페이지가 저장되어있다. 구글은 형식을 따지지 않는 자유롭고 재미있는 기업 문화로 유명하다. 기업의 철학은 '나쁜 일 하지 않고 돈 벌기'와 '일은 도전이어야 하고 도전은 재미가 있어야 한다'이다.

구글 엔지니어들은 '직감'으로 결정을 내리지 않는다. 인관관계나 판단력 같은 것은 정량화할 수 없기 때문이다. 그들은 경험보다는 효율을 중시한다. 그들은 하드웨어나 소프트웨어 제품을 정식상품으로 내놓기 전에 오류가 있는지를 발견하기 위해 미리 정해진 사용자 계층들이 써보도록 하는 베타 테스트와 사실, 수학적 논리를 추구한다.

모든 구글 엔지니어들은 업무시간 중 20%를 그들이 흥미로워하는 프로젝트에 사용한다. 20%란 주 5일 근무 기준으로 일주일 중 하루에 해당한다. G메일, 구글뉴스, 오르컷(Orkut), 애드센스(AdSense)는 직원들의 이런 독립적 프로젝트로 시작되었다. 새로 출시되는 서비스의 50%가 이 20%의 시간을 통해 생겨나고 있다.

항공사진으로 촬영한 구글플렉스.

가장 큰 수도 가장 작은 수도 모두 마음속에

말이 나온 김에 덧붙이자면 구골플렉스보다 더 큰 수도 있다. 구골플렉시안(googolplexian)은 10의 구골플렉스제곱(10googolplex)이다. 1 다음에 0이 1조 개 붙는다. 그레이엄 수는 1 다음에 0이 100조 개다.

이렇게 가다 보면 끝이 없다. 세상에서 가장 큰 수는 존재하지 않는다. 철학적 개념으로 있을 뿐이다. 그것이 무한대다. 마찬가지로 1을 구골플렉스로 나누면 구골플렉스마이넥스(googolplexminex)가 된다. 이것은 10-googolplex다.

가장 작은 것은 무한소다. 이것 역시 철학적 개념일 뿐이다. 결국 가장 큰 수도 가장 작은 수도 모두 마음속에 있을 뿐이다. 어린이들의 마음만은 무한대로 키워줄 수 있는 이유다.

10,000,000,000,000,000,
000,000,000,000,000,000,
000,000,000,000,000,000,
000,000,000,000,000,000,
000,000,000,000,000,000,
000,000,000,000 = 1 googol

10의 구골제곱을 나타내는 구골플렉스

4차 산업혁명 시대의 인재상은?

4차 산업혁명시대를 맞아 2017년 5월 한국과학기술단체총연합회 주최로 미국 NASA의 항공분야 최고책임자인 신재원 박사 초청 강연이 있었다. 제목은 '4차 산업혁명의 본질과 이노베이션의 길'. 그는 4차 산업혁명을 '21세기형 이노베이션'으로 설명했다. 강연 후 우리 시대에 필요한 인재

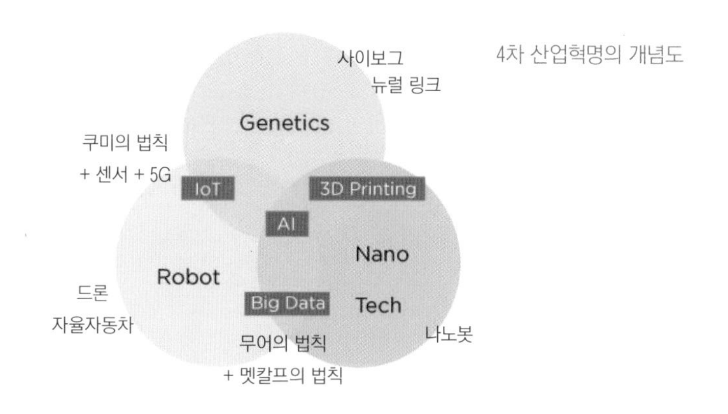

4차 산업혁명의 개념도

상을 묻는 질문에 그는 '이노베이터(Innovator)'라고 답했다. 그러면서 이노베이터가 갖춰야 할 능력으로 창의력, 질문력, 협업능력을 꼽았다. 지금부터는 그 얘기를 생각해보려고 한다.

이노베이터가 되려면 창의력, 질문력, 협업능력 갖춰야

이노베이터가 되기 위해 필요한 것은 첫 번째로 창의력이다. 창의력에는 두 가지가 필요하다. 창의성(Creativity)과 유연성(Flexibility)이다. 창의성은 기존의 것들과는 뭔가 다른 것을 생각해내는 능력이다. 유연성은 내 것만을 고집하지 않고, 문제를 다른 관점에서도 보고, 다른 분야나 다른 생각들을 받아들이는 생각의 여유다.

둘째, 질문력이다. 여기에도 두 가지가 필요하다고 했다. 하나는 '현재의 패러다임에 왜(Why)를 질문하는 용기', 즉 '우리가 왜 이런 방법으로 하고 있을까?'하고 묻는 용기다. 그런 질문을 통해 혁신이 일어난다고 했다. 또 하나가 더 있다. 이것을 신재원 박사는 '핵심을 질문하는 능력'이라고 했다. 어떤 문제를 해결하려면, 그 문제의 핵심을 파악해야 하니까.

이것에 대해 오른쪽의 그림을 보면서 생각해보자. 벨기에의 화가 르네 마그리트의 이 그림의 제목은 '통찰력'이다. 새의 알을 보고, 알의 미래인 새를 그리고 있다. 이것이 곧 통찰력이다. 통찰력은 척 보면 아는 것이다. 이른바 '핵심을 질문하는 능력'이다. 그러나 통찰력은 하나를 집중해서 관찰하고, 그것을 통해 질문을 만들어가면서 얻어지는 것이다.

세 번째는 협업능력이다. 협업능력에는 크게 세 가지가 필요하다고 한다. 첫째 커뮤니케이션 능력과 둘째 다른 사람의 의견을 듣는 능력, 셋째 팀플레이다.

우선 커뮤니케이션 능력을 보자. 커뮤니케이션 능력은 자신의 생각을 상대방에게 잘 전달하는 능력이다. 상대방에게 자신의 생각을 잘 전달하기 위해서는 단순화와 말하기, 글쓰기 능력이다.

단순화는 '복잡한 것을 단순하게 정리하는 것'이다. 그러자면 생각을 많이 해야 한다. 스티브 잡스도 이것을 중요시했다. 심지어 "생각을 단순화할 수 있는 단계에 도달하면 산도 움직일 수 있다."는 말도 했다. 이를 위해 나는 '3의 법칙'을 추천한다. 무엇이든 세 가지로 정리하는 것이다. 예를 들 때도 두 가지를 들면, 뭔가 부족한 것 같다. 네 가지를 얘기하면 지루한 느낌이 든다. 그래서 3이 좋다. 사람이 한 번에 기억하기 쉬운 것도 세 가지라고 하다.

다음은 말하기다. 나는 이것을 경희대 언론정보대학원의 허경호 교수에게서 배웠다. 말하기에는 '3말 원칙'과 '3S 원칙'이 있다. 3말 원칙은 말하는 순서

벨기에의 초현실주의 화가
르네 마그리트의 작품 〈'통찰력〉

다. '말할 것을 말하라, 말하라, 말한 것을 말하라'이다. 이것은 발표를 할 때, 말할 주제를 먼저 말하는 것으로 시작하라는 것이다. "저는 ○○○입니다. 지금부터 ㅁㅁㅁㅁ에 대해 말씀드리겠습니다."로 시작한다. 그다음에 내용을 말한다. 그리고 말이나 발표를 끝낼 때에는 반드시 "지금까지 ㅁㅁㅁㅁ에 대해 말씀드렸습니다."로 마무리를 한다. '3S 원칙'은 말하는 태도다. 'Stand Up, Speak Up, Shut Up'이다. 발언이나 발표를 하려면 반드시 일어서서 하는 것이 기본이다. 그래야 청중들이 집중을 하고, 들을 준비를 한다. 쉬운 것 같지만 우리 학교에서는 가장 잘 안 지켜지는 것 중의 하나다. 특히 강의를 듣고 나서 질문을 할 때 그냥 자리에 앉아서 질문하는 경우가 대부분이다. 이제 'Stand Up'으로 시작하기를 추천한다.

다음은 글쓰기다. 글쓰기에서 가장 도움이 되는 말은 미국의 신문왕 퓰리처의 충고다. "짧게 써라. 그러면 읽힐 것이다. 명료하게 써라. 그러면 이해가 될 것이다. 그림같이 써라. 그러면 기억에 남을 것이다." 그리고 하나 더, "정확하게 써라. 그러면 그들(독자들)을 빛으로 인도할 것이다." 그러나 무엇보다도 중요한 것은 책을 많이 읽고, 날마다 10분씩이라도 글을 쓰는 것이다. 고치고 또 고치면서.

협업에서 중요한 것은 다른 사람의 의견을 듣는 능력

협업능력의 두 번째 항목은 다른 사람의 의견을 듣는 능력이다. 이것을 '적극적 듣기(Active Listening)'이라고도 하다. '다른 사람의 말을 듣고 즉시 자기 말로 요약해 확인하기'이다.

협업능력의 세 번째는 팀플레이(Team Play)다. 4차 산업혁명 시대는 융합의 시대다. 혼자서 할 수 있는 것이 한계가 있다. 그래서 팀으로 서로 협력하고, 배려하는 것이 필요하다. 이에 대해 신재원 박사는 미국 사우스웨스트 항공사의 신입사원 채용 기준 하나를 소개했다.

사우스웨스트 항공은 1967년 창업 이래 적자를 내지 않는 항공사로 유명하다. 이 회사는 직원 채용을 할 때 응시자들을 10명씩 나누어 과제를 주고 그룹 토론을 시킨다. 그 옆방에서는 평가자들이 그 광경을 지켜본다. 물론 응시자들은 심사자들이 그들을 보고 있는 것을 모른다.

그러면 반응들이 네 가지 그룹으로 나뉜다. 1그룹은 리더가 나와서 이 문제를 이렇게 하자며 앞서나가는 사람들, 2그룹은 리더를 도와서 일을 해결하려 하는 사람들, 3그룹은 아예 코너에 앉아서 아무것도 안 하는 사람들, 4그룹은 사사건건 불평하고 트집을 잡는 사람들이다. 이 회사는 지금까지 단 한 명도 3그룹과 4그룹의 사람들을 뽑은 적이 없다고 한다. 이것이 이 회사가 성공하는 비결이 아닐까?

이 많은 것들을 다 어떻게 준비할 것인가? 열정을 가지고 꾸준히 하는 것이다. 그래서 스티브 잡스는 스탠포드대학교 졸업식에서 했던 연설 제목을 이렇게 정했다. Stay Hungry, Stay Foolish.

미국의 사우스웨스트 항공사는 1967년 창업 이래 적자를 내지 않는 항공사로 유명하다.

노벨과학상에 대해 궁금한 것들

노벨상 프로세스는 4년 주기다. 1년차 8월에 예산을 협의하고, 2년차 9월에 분야별 1000명씩 총 6000여 명에게 후보 추천 의뢰서를 보낸다. 3년차가 핵심이다. 부문별로 100~250명 추천을 받아 1월 31일 마감한다. 2월에 후보 목록 책자를 발간(50년간 비공개)하고, 5월 31일까지 평가보고서 작성을 취합해서 6월에 후보자 1~3명 압축 과정을 거친다. 그리고 9월에 왕립과학아카데미 분과에서 검토 후 10월 초 최종 투표로 결정한다.

10월부터 12월까지는 노벨상의 계절

노벨상 발표는 10월 초에 한다. 생리의학상을 시작으로 물리학상, 화학상, 평화상, 경제학상 수상자가 발표되면서 시즌이 시작된다. 문학상은 발표 날짜를 미리 공개하지 않는다. 다른 노벨상들은 모두 스웨덴에서 발표하지만 평화상은 노르웨이 노벨위원회에서 발표한다.

시상식은 알프레드 노벨의 사망일인 12월 10일 스웨덴 스톡홀름 콘서트홀에서 한다. 식은 노벨위원회 위원장의 연설, 교향악단의 연주와 축가, 부문별 선정위원 대표가 수상자 발표, 선정 이유와 그 업적의 과학적 의미를 밝히는 시상 연설, 스웨덴 국왕의 메달과 상장 수여로 진행된다.

시상식이 끝나면 스톡홀름 시청 블루홀에서 1300명이 참석하는 성대한 만찬이 있다. 국왕이 건배 제의를 한 후 식사 전 짧은 공연으로 계단 무대에서 분위기를 돋우는데, 코믹한 안무가 경쾌하고 재미있다. 노벨 축제기간 중 노벨상 수상자들은 날을 정해 기념 강연을 한다.

노벨평화상 시상식은 노르웨이에서 노르웨이 국왕이 한다. 수상자 강연도 당일 시상식장에서 한다. 그 이유는 노벨상이 시작되던 1901년에는 스웨덴과 노르웨이가 한 나라였다가, 1905년 노르웨이가 독립했기 때문이다.

초기 상금, 스웨덴 교수 연봉 25배

상금은 노벨재단이 1년 동안 운영한 기금 이자 수입의 67.5%를 물리학, 화학, 생리학 및 의학, 문학, 평화로 5등분한다. 그래서 매년 액수가 다르다. 한편 경제학상은 금액은 같은데 스웨덴중앙은행 창립 300주년 기금에서 지급한다. 2인 공동 수상 시에는 2등분, 3인 공동 수상은 3등분한다. 4인 이상 공동 수상은 없다.

박병소 교수의 〈노벨상 이야기〉에 따르면 노벨상 초기에는 상금 규모가 스

노벨상 시상식 장면. 노벨상은 매년 12월 10일 열린다.

웨덴 대학교수 연봉의 25배, 당시 미국 교수의 15배나 됐다. 그러나 인플레와 기금관리의 어려움 때문에 1940년엔 상금 가치가 1901년의 30% 정도로 추락했다가 1987년 다시 1901년의 구매가치를 회복했다. 1991년과 1992년에는 상금이 50%씩 대폭 인상됐다. 2010년 상금은 1인당 150만 달러였다.

지금까지 노벨상 수상자는 개인 820여 명과 23개 단체다. 상은 개인에게만 주지만 평화상은 단체도 가능하다. 과학 분야는 물리학상 190여 명, 화학상 160여 명, 생리의학상 200여 명이다. 경제학상 수상자는 70여 명에 가깝다. 여성은 40여 명인데 그중 과학 분야는 3분의 1이다. 국가별로 미국이 320여 명으로 1위다. 일본은 19명으로 16명이 과학자인데, 21세기 들어서는 물리학상 3명, 화학상 6명, 생리의학상 1명을 배출했다.

노벨 과학상은 '사회적 유전'

미국 사회학자 해리엇 주커먼은 1976년까지 과학 분야 노벨상 수상자들을 분석했다. 수상자들은 30세 이전 12편 이상의 논문을 썼다. 보통 과학자들은 1년에 논문 1.48편을 쓰는데 그들은 3.24편을 발표했다. 과학상은 '사회적 유전'이라 할 만큼 사제간 수상자들이 많다. 1904년 물리학 수상자 레일리의 제자 조셉 톰슨은 1906년 물리학상을 받았고 그의 제자 8명도 받았다. 그 가운데엔 러더퍼드(1908, 화학)가 있는데 그의 제자 중 닐스 보어(1922, 물리학)를 포함한 11명이 노벨상을 받았다. 닐스 보어의 제자도 여러 명 받았다. 그중 한 명이 불확정성원리로 유명한 하이젠베르크(1931, 물리학)다.

사제간에 5대를 수상한 경우도 있다. 빌헬름 오스트발트(1909, 화학, 독일)-발터 네른스트(1920, 화학, 독일)-로버트 밀리컨(1923, 물리, 미국)-칼 앤더슨(1936, 물리, 미국)-도널드 글레이저(1960, 물리, 미국)다. 아돌프 폰 베이어(1905, 화학, 독일)-에밀 피셔(1902, 화학, 독일)-오토 왈브르그(1931, 생리의학, 독일)-한스 크렙스(1953, 생리의학, 영국)는 4대 수상이다. 그들 앞에는 이미 라부아지에-C.L. 베르톨레-게이 뤼삭-유스터스 폰 리비히-케쿨레(벤젠구조식의 착상)로 내려온 대과학자의 전통이 있었다.

노벨상의 최고 명문가는 퀴리 집안이다. 마리 퀴리와 피에르 퀴리 부부가 공동 수상(1903, 물리), 1911년 마리 퀴리가 두 번째 수상(화학), 그리고 딸 이렌 졸리오 퀴리와 사위 프레드릭 졸리오가 공동 수상(1935, 화학)으로 노벨상 금메달이 5개나 된다. 조셉 톰슨과 닐스 보어 등 아버지와 아들이 노벨상을 수상한 집안은 여섯 가족이다. 부부가 노벨상을 받은 경우는 퀴리가를 포함해 네 가족이다.

한국은 김대중 전 대통령이 평화상을 수상했지만, 과학상 수상자는 아직 없다. 한국의 노벨상 과학자가 나오기를 기대한다.

공룡과 인간은 공존했을까?

공룡과 인간이 같은 시대에 살았던 적이 있을까? 공룡이 지구상에 출현한 것은 약 2억 3000만 년 전이고, 멸종은 6600만 년 전이다. 인류 출현은 길어야 700만 년 전. 따라서 공룡 멸종과 인류 출현 사이에는 적어도 5천900만 년의 시간차가 있다. 그런데도 많은 사람들이 공룡과 인간이 공존했던 시대가 있었다고 생각한다. 그 이유는 공룡영화 때문일 것이다.

공룡 멸종과 인류 출현과의 시차 5900만 년, 공존은 허구

스티븐 스필버그 감독의 〈쥐라기공원〉은 공룡 영화의 대명사다. 2007년에 나온 속편 〈쥐라기공원 2: 잃어버린 세계〉도 성공했다. 〈쥐라기공원 3〉는 2001년 조 존스턴 감독이 만들었다. 새로운 공룡들을 6종이나 등장시켰지만 악평을 받았다. 사람들이 스필버그의 〈쥐라기공원 4〉를 오랫동안 기다린 이유다.

2015년 드디어 기다리던 공룡 블록버스터가 〈쥐라기 월드〉라는 제목으로 나왔다. 감독은 콜린 트러보로. 영화는 그야말로 대박이 났다. 2018년 속편 〈쥐라기 월드 2: 폴른 킹덤〉은 스티븐 스필버그와 콜린 트러보로가 함께 총괄 감독을 맡았다. 평가는 호불호가 엇갈렸다. 그러나 역시 흥행에는 성공했다. 공룡 영화는 흥행의 보증수표다.

중생대에는 공룡들이 세상을 지배했다. 중생대는 크게 트라이아스기, 쥐라기, 백악기로 나뉜다. 그중 쥐라기는 약 2억 100만 년부터 1억 4500만 년 전까지다. 쥐라기라는 이름은 독일·스위스·프랑스 접경의 쥐라 산맥에서 발견된 지층에서 유래했다.

그런데 영화 〈쥐라기 공원〉은 과학적으로 몇 가지 문제점들이 있다. 우선 제목은 쥐라기 공원이지만 티라노사우루스를 비롯해 주로 등장하는 공룡들이 백악기 공룡들이다.

2008년까지 확인된 공룡은 1047종. 그 가운데 영화 속의 쥐라기 공룡은 거대한 초식 공룡 브라키오사우루스 정도다. 나머지는 대부분 백악기 출신이다.

〈기원전 일백만 년〉 영화 포스터(왼쪽).
스미스소니언자연사박물관의
공룡전시실(오른쪽).

육식 공룡 티라노사우루스 렉스와 머리에 볏이 있는 초식 공룡 파라사우롤로푸스는 백악기 후기에 살았다. 작지만 사나운 사냥꾼 벨로시랩터와 큰 날개로 날아다니는 익룡 프테라노돈은 백악기 말기에 살았다. 쥐라기와 관련이 없다. 따라서 제목을 '쥐라기 공원'이 아니라 '백악기 공원'으로 했어야 한다는 주장이 더 설득력 있다. 고생물학자 스티븐 제이 굴드가 영화 제작자들에게 "왜 '쥐라기 공원'으로 했느냐"고 물었더니 "영화에 어울리는 공룡을 썼을 뿐, 그런 사실은 전혀 몰랐다"고 답했다고 한다.

또 다른 오류는 호박 속에서 DNA를 채취해도 DNA는 생명체 밖에서는 불안정해서 완벽할 수 없다는 점이다. DNA 일부만으로는 복원이 불가능하다.

어쨌거나 과학적 오류와는 관계없이 영화는 대박이 났다.

공룡영화 원조는 1940년 개봉된 〈기원전 일백만 년〉

그러나 〈쥐라기 공원〉이 공룡영화의 원조는 아니다. 원조는 1940년 개봉된 〈기원전 일백만 년〉이다. 동굴에 사는 바위족 청년 투막과 해변족 처녀 로아나가 사랑했지만 종족의 반대로 쫓기다가 결국 합쳐서 새로운 종족을 이끈다는 설정인데 공룡시대를 배경으로 했다. 이 영화는 그해 박스오피스 1위였다. 음악·특수효과 두 부문에서 아카데미상 후보로 올랐다.

이후 1966년 돈 채피 감독이 〈기원전 일백만 년〉을 리메이크해서 〈공룡 백만 년〉을 만들었다. 이 영화도 대히트를 쳤다. 인류 최초의 비키니 차림으로 등장하는 섹시 스타 라켈 웰치를 스타덤에 올렸다.

〈공룡 백만 년〉에 이어 1970년대에는 〈공룡시대〉가 역시 큰 인기를 끌었다.

〈쥐라기 공원〉 마지막 장면에 포효하는 티라노사우루스 렉스 위로 현수막이 떨어져 내리는데, 그 문구가 바로 〈공룡시대〉의 영어 원제인 'When Dinosaurs Ruled the Earth'다.

시대에 따라 진화하는 공룡영화의 특수효과

공룡영화 시리즈에서 또 하나 눈여겨볼 것은 공룡을 연출하는 특수효과의 발달 과정이다. 1940년에는 공룡 연출을 위해 트리케라톱스는 돼지에 고무로 만든 트리케라톱스 표피를 입혔고, 티라노사우루스는 고무 표피로, 리노케라토스 이구아나와 스테고사우루스는 악어가죽으로 형태를 만들어 사람이 들어앉아 연기를 했다. 그러다가 1960년대와 1970년대에는 진흙으로 만든 공룡으로 장면 하나하나를 찍어 동영상을 만드는 기법인 스톱 모션으로 애니메이션 효과를 냈다. 그리고 90년대와 2000년대에는 컴퓨터 그래픽으로 처리했다.

1940년의 〈기원전 일백만 년〉부터 〈공룡 백만 년〉, 〈공룡시대〉, 〈쥐라기 공원〉까지 공룡영화는 모두 공룡과 인간이 함께 등장한다. 그래서 인간과 공룡이 한 시대에 살았던 것 같은 착각을 불러일으킨다.

〈쥐라기 월드〉 포스터

인류 지식의 보고,
스미스소니언박물관

스미스소니언박물관은 미국의 수도 워싱턴에 있다. 스미스소니언을 처음 방문하는 사람들은 적어도 세 번은 놀란다. 처음에는 세계 최대의 박물관·연구소 복합기관으로서의 방대한 규모에 놀란다. 박물관·미술관이 19개, 국립연구소가 9개, 도서관이 20개다. 국립동물원도 있다. 미 국회의사당 앞 광장을 내셔널 몰이라고 하는데, 그 몰 주변의 큰 건물들 대부분이 스미스소니언 소속이다.

소장품 1억 5400만 점, 1분에 하나씩 봐도 300년 걸려

인적 규모도 대단하다. 상근 직원이 6100명에 자원봉사자가 7000명이다. 그 가운데 박사가 3000명, 세계적 수준의 연구원이 500명이나 된다. 공동으로 연구

스미스소니언 자연사박물관. 1911년 건립된 이 건물은 당시 워싱턴에서 미 국회의사당 다음으로 큰 단일 건물이었다.

프로젝트를 진행하는 나라가 96개국이다. 이사진도 장난이 아니다. 당연직으로 미국 부통령과 연방 대법원장, 상원의원 세 명, 하원의원 세 명이 포함된다. 연간 예산은 우리 돈으로 1조 2000억 원 정도다.

웹사이트도 엄청나다. 한 달 내내 컴퓨터 앞에 앉아서 웹사이트만 봐도 다 보려면 어림없다. 웹사이트 방문자는 연간 2억 명이 넘는다. 스미스소니언에서 발행하는 잡지도 있다. 월간 〈스미스소니언 매거진〉과 격월간인 〈항공 우주(Air & Space)〉가 있는데, 월간지는 미국에서만 정기 독자가 700만 명, 격월간지는 150만 명이다.

다음으로는 박물관 입장료가 무료일 뿐 아니라 관람객이 엄청나다는 데 놀란다. 2010년 한 해 스미스소니언 방문자가 3020만 명이다. 그중 가장 인기 있는 곳은 항공우주박물관으로, 관람객이 830만 명. 2등이 680만 명의 자연사박물관, 3등은 미국역사박물관으로 420만 명이다.

그 다음으로 사람들이 놀라는 것은 스미스소니언박물관의 풍부한 전시물과 세련된 전시 기법이다. 스미스소니언의 컬렉션은 1억 5400만 점이다. 그중 자연사박물관의 컬렉션이 전체의 94%로 1억 4600만 점이나 된다. 이것 역시 세계 최대 규모다. 영국 국립자연사박물관의 컬렉션은 7300만 점, 프랑스 국립자연사박물관의 컬렉션은 약 7000만 점이다.

소장 자료는 인류학·식물학·고생물학·광물학뿐 아니라 곤충 3200만, 어류 850만, 새 박제 표본만 62만 점이 있다. 국립동물원에는 1800마리의 살아있는 동물이 있다. 이것들을 다 보려면 1분에 하나씩, 먹지도 자지도 않고 봐도 300년이나 걸린다고 한다. 그래서 스미스소니언은 소장품의 2% 이하만 전시를 하고 나머지는 수장고에 보관하면서 연구용으로 활용한다.

소장품의 규모도 규모지만, 전시된 물품이나 소장품 하나하나가 모두 대단하다. 대표적인 것만 들어보자.

세계 최대의 항공우주박물관과 자연사박물관

내셔널 몰의 항공우주박물관에는 린드버그가 최초로 대서양을 횡단했을 때 탔던 비행기 '세인트 오브 루이스', 최초의 상업용 우주선 '스페이스 십-1', 최초의 달착륙선 '아폴로 11호'와 우주선 머큐리 '프렌드십 7호', '제미니 4호', 척 예거가 탔던 최초의 초음속비행기 '벨 X-1', 그리고 라이트 형제의 비행기 등이 실물로 23개 전시실에 펼쳐져있다.

이것 말고 버지니아에도 항공우주박물관인 우드바 하지 센터가 있다. 이건

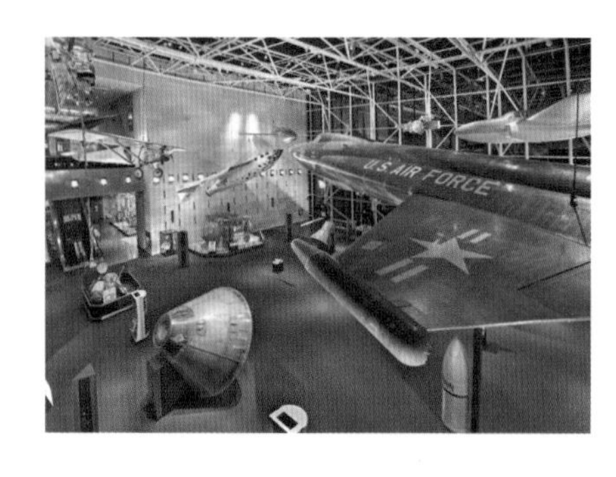

스미스소니언 국립항공우주박물관 내부.

규모가 워싱턴의 박물관보다 훨씬 더 크다. 우주왕복선 엔터프라이즈와 초음속 여객기 콩코드를 비롯한 270여 대의 비행기와 우주선들이 모두 실물로 건물 안에 전시되어있다. 스미스소니언의 항공과 우주에 관한 컬렉션은 5만 8300점이다.

자연사박물관도 단연 세계 최고에 최대다. 1층 중앙 로텐더에는 세계에서 가장 큰 아프리카코끼리 박제가 전시되어있다. 그리고 공룡과 화석전시실, 포유동물 전시실, 해양전시실, 인류의 기원 전시실이 있다. 포유동물 전시실에는 274마리의 포유동물 표본들이 '진화'를 주제로 실감나게 전시되어있다. 이 전시실을 준비하는 데만 6년이 걸렸고 약 200억 원이 들어갔다. 박제된 전시 동물들은 모두 스미스소니언 국립동물원에서 죽은 동물들로 만들었는데, 마치 살아있는 것처럼 생동감이 있다.

해양전시실은 1000갤런의 물속에 인도양과 태평양 출신 산호초가 자라는 수족관을 비롯해 길이 45피트의 고래 등 크기와 규모 면에서 방대한 해양 생물들이 화려하게 전시되어있다. 이것 역시 준비기간 6년에 예산 200억 원이 들어갔다.

스미스소니언자연사박물관 1층 로텐더에 있는 아프리카코끼리.

2010년 문을 연 '인류의 기원' 전시는 10년간 100명의 인류학자가 연구한 결과를 250억 원을 들여 만들었다. 2층 보석 광물 전시실은 45.2캐럿으로 세계에서 가장 큰 블루다이아몬드인 호프 다이아몬드와 각종 진귀한 보석과 광물들이 가득하다. 그밖에 지구와 달의 여러 암석과 운석, 곤충, 살아있는 나비, 각종 생물의 뼈, 한국관, 이집트 미라 전시실 등도 볼거리가 넘친다.

풍부한 문화와 예술, 역사 컬렉션

미술관도 많다. 처음에 스미스소니언 소속이었다가 별도로 독립한 미국국립미술관도 내셔널 몰에 있다. 현대미술로 유명한 허시혼 뮤지엄도 스미스소니언 소속이다.

예술품도 상당하다. 모두 32만 4200점이나 된다. 전시된 미술품 하나하나가 세계적 명작들이다. 아시아와 중동 지역의 세공품과 그림, 의류, 동양 예술품과 생활용품, 아프리카 미술품과 토산품이 수만 점 있다. 각종 디자인 작품 20만 6700점, 허시혼 뮤지엄의 근현대회화와 조각 작품 1만 1500점, 초상화 2만 점, 미국 화가들의 작품 4만 2100점이 있다.

역사와 문화 컬렉션 1020만 점 가운데 역사 관련 소장품이 330만, 코인·메달·지폐 150만, 각종 기념우표와 우편 발달에 관한 것이 600만 점이다.

영국 과학자 스미슨의 미션 '인류의 지식을 늘리고 확산하는 기관'

스미스소니언은 탄생 과정도 흥미롭다. 영국 귀족과 왕녀 출신 과부의 서자로 태어난 영국의 과학자 제임스 스미슨은 1829년 죽으면서 막대한 재산을 남겼다. 상속자가 없었던 그는 유서에 "내 유산을 조카에게 물려주되 그 조카가 죽을 때 상속자가 없으면 유산을 모두 팔아서 미국 워싱턴에 '인류의 지식을 늘리고 확산하는 기관'을 세워라. 그리고 내 이름을 따서 '스미스소니언 인스티튜션(Smithsonian Institution)'으로 하라."고 했다. 그런데 정말 6년 후 조카가 사망했을 때 상속자가 없었다. 유산은 일단 모두 영국으로 귀속됐다.

그러나 이 사실을 미국의 7대 대통령 앤드루 잭슨이 알게 됐고, 미 의회는 변호사를 보내 영국과의 소송에서 이겼다. 그래서 1838년 50만 달러의 유산을 모두 미국으로 가져왔다. 당시에 그 돈은 굉장히 큰 금액이었다. 그로부터 30년 후에 미국이 알래스카를 사들였을 때 러시아에 지불한 돈이 720만 달러다. 그때부터 '인류의 지식을 늘리고 확산하는 기관'을 무엇으로 할 것인지에 관한 토론이 8년이나 이어졌다. 결국 '박물관이면서 연구소이고 도서관도 갖춘 기관'으로 결론 났고, 법이 제정됐다.

특이한 것은 제임스 스미슨은 죽을 때까지 단 한 번도 미국을 방문한 적이 없고 미국의 누구와도 편지 왕래조차 없었다는 점이다. 그런 그가 왜 미국의 워싱턴에 유산을 모두 보내라고 했는지 이유는 알 수 없다. 다만 서자로서 차별 없는 세상을 동경해서가 아닐까 추측할 뿐이다. 아무튼 스미스소니언은 이렇게 극적으로 탄생한 기관이다.

스미스소니언 박물관의 역할은 전시와 연구에만 있는 것이 아니다. 스미스소니언의 4대 영역의 제1순위는 과학이다. 그 다음이 예술, 역사와 문화다. 과학적 연구에 중점을 두면서도 교육을 비롯한 거의 모든 분야에 걸쳐 스미스소니언은 미국을 움직이는 힘이다.

대륙이 움직인다
기후가 변화한다
동물이 진화한다

2010년 7월 미국 LA 자연사박물관을 방문했을 때다. 전시관 포스터 문구가 재미있었다. '6600만 년 전부터 현재까지 지구의 역사를 3문장 6단어로 정리하면?' 이 통 큰 질문의 답이 궁금해졌다. 과연 뭐라고 정리할까? 답을 보는 순간, 놀라웠다. 너무 명쾌했다.

'대륙이 움직인다. 기후가 변화한다. 동물이 진화한다.'

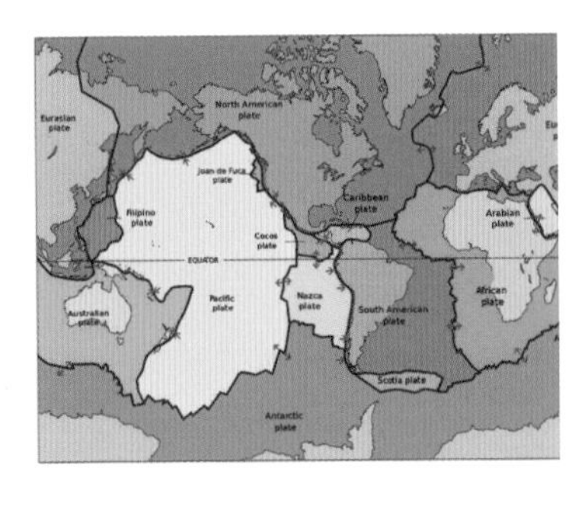

하나의 대륙 판게아. 고생대 말기까지 지구는 이 하나의 대륙으로 되어있었다.

대륙이 움직이니까 지진이 생긴다. 지진이 가장 많은 나라는 일본이다. 규모 6.0 이상 지진의 20%가 일본이다. 100년 동안 규모 7.0 이상 지진이 67회나 발생했다. 이유는 일본이 유라시아판과 북아메리카판, 필리핀해판이 맞닿는 곳에 있기 때문이다. 이렇게 설명하는 게 판구조론이다.

베게너의 대륙 이동설 4가지 근거

판구조론은 독일의 알프레드 베게너의 '대륙이동설'에서 시작됐다. 베게너는 1912년 대륙이동설 논문을 발표했다. 〈대륙과 해양의 기원〉이라는 책도 냈다. 그의 주장은 "고생대 말기까지 지구는 하나의 대륙이었다. 이 대륙이 갈라져 이동해서 오늘날 7대륙이 되었다. 지금도 대륙은 조금씩 움직이고, 앞으로도 계속 이동할 것이다. 이 대륙을 판게아(Pangaea)라고 한다."는 것이다.

베게너는 대륙 이동의 근거 4가지를 들었다. 첫째, 남아메리카 대륙과 아프리카 대륙의 해안선이 거의 일치한다. 둘째, 멀리 떨어진 산맥과 고원의 지질 구조가 똑같다. 북미의 애팔래치아 산맥과 스코틀랜드 산맥 지층이 똑같다.

지진으로 파괴된 아이티의 대통령궁.

남아프리카 고원과 브라질 지층도 똑같다. 셋째, 아프리카와 남미, 오스트레일리아에서 동일한 생물 화석이 발견된다. 넷째, 인도와 오스트레일리아, 남미, 아프리카의 남부에서 고생대 말기 빙하 퇴적층이 비슷하게 분포한다. 남극대륙에서 발견되는 석탄층도 그 근거다.

그러나 베게너의 이론은 대륙이 움직이는 원동력을 설명 못했다. 그는 1930년 위도 71도의 세 지역 기후와 지질을 조사하러 네 번째 북극탐험에 나섰다가 돌아오지 못했다.

지진파 연구로 판구조론 제시

지진으로 발생된 지진파를 통해 지구 내부의 모습을 알게 되었다. 그래서 대륙이동설이 과학적으로 설명되고, 1968년 판구조론이 제시되었다. 판은 움직이는 대륙이다. 맨틀의 대류 때문에 그 위의 판이 움직인다. 지구는 커다란 일곱 개의 판(북아메리카판, 남아메리카판, 유라시아판, 태평양판, 아프리카판, 인도-호주판, 남극판)과 필리핀판처럼 중간 크기의 여섯 개 판, 그리고 여러 개의 작은 판으로 덮여있다.

2011년 3월 일본 동쪽 해역에서 발생한 규모 9.0의 지진은 유라시아판이 태평양판 위로 튕겨 오르면서 발생했다. 바다 밑에서 지진이 생기면 바닷물이 위아래로 진동하면서 큰 파도가 생긴다. 이 파도가 해안으로 밀려와 해안을 쓸어버린다. 그게 쓰나미다. 2004년에는 인도네시아 수마트라에서 쓰나미가 발생했다. 판 이동 때문이다.

쓰나미는 깊은 바다에선 비행기처럼 빠르고, 해안가로 오면 속도가 줄어

든다. 수심 5000m에선 시속 800km, 비행기 속도다. 수심 500m에선 시속 250km로 KTX, 수심 100m에서는 시속 110km로 자동차 속도다. 해안가에서 높이 10m 정도일 때는 시속 36km 정도다. 그러나 속도가 주는 대신 힘이 강해진다. 전체 에너지의 합이 같다고 생각하면 쉽다.

지진을 미리 예측한다면 피해를 줄일 텐데, 지금까지 큰 지진은 아무도 예측 못했다. 작은 지진은 실시간 예측이 되는데 왜 큰 지진은 예측을 못할까?

인간은 모르고 있는데 지진 발생을 동물들이 먼저 감지하는 경우도 있다. 1969년 중국 톈진에서 규모 7.4의 지진이 발생했을 때, 조용히 있던 곰이 소리를 지르고 뱀이 굴속으로 들어가는 것을 보고 동물원 관리인들이 지진예측기관에 보고해서 지진 피해를 줄였다. 1975년 중국 하이청에서는 겨울에 뱀이 도로로 나와 얼어 죽고 말이 날뛰었다. 사흘 후 규모 7.3의 대지진이 발생했다. 하지만 지진대피를 동물의 행동에만 의존할 수는 없다.

지진에 관해 문학만 있고 과학은 없다

1990년 11월 말, 아이벤 브라우닝이라는 미국 기상학자가 세인트루이스에서 12월 1일부터 5일 사이에 거대한 지진이 일어날 거라고 발표했다. 사람들이 공포에 떨면서 물, 식료품을 사재기하고 지진에 대비했다. 그러나 지진은 일어나지 않았다.

1970년대 말 일본 과학자들은 일본 중부지방에 대지진이 일어난다고 확신했다. 그들은 120년 대지진 주기설을 믿었다. 일본 정부도 조기경보체제를 만들고 비상대처훈련을 계속했다. 그러나 10년이 지나도록 그런 지진은 없었다.

2011년, 쓰나미가 일본 동북부 지방을 강타하는 모습.

미국 지질측량국은 유례없이 1985년 4월 5일 지진을 예보했다. 샌프란시스코 남쪽 파크필드라는 마을에서 5~6년 안에 진도 5.6~6.4 규모의 지진이 일어날 것이라고. 그러나 지진은 없었다.

지진은 역사 얘기가 아니다. 현재진행형이다. 매년 100만 번 이상의 지진이 관측된다. 하지만 1995년 고베지진을 예측한 사람은 단 한 명도 없었다. 지진을 미리 정확히 예보하는 것은 아직까지는 불가능하다. 국립과천과학관이나 워싱턴의 스미스소니언 자연사박물관에서는 실시간으로 세계의 지진 발생 상황을 볼 수 있다. 그러나 큰 지진의 전조를 알지는 못한다. 여전히 지진 피해는 속출하고 있다.

그래서 마크 뷰캐넌은 책 〈격변하는 역사를 읽는 새로운 과학〉에서 "지진에 관한 한 과학은 없고 문학만 있다."고 했다. 지진에 관한 한 아직은 주기도, 전조현상도, 경고도, 신호도 없다. 지진은 자기 마음대로 땅을 흔들 뿐이다. 아직까지는.

과학의 눈으로 본 '인간'이란?

우리를 '인간'이라고 말하는 특징들은 무엇일까?

그동안 밝혀진 인류의 조상들은 27종이다. 거기에 2019년 4월 필리핀에서 밝혀진 호모 루조넨시스까지 포함시키면 28종이다. 그러나 현생 인류인 호모 사피엔스를 제외하고는 모두 멸종했다. 그 이유와 진화의 근거들은 무엇일까? 스미스소니언 자연사박물관의 '인류의 기원' 전시는 이 질문들에 관한 전시다. 10년간 100여 명의 인류학자가 연구한 결과를 스미스소니언이 보유한 280점 이상의 화석과 전시물로 약 250억 원을 들여 만들었다.

전시실 입구는 과거로 돌아가는 '시간의 터널'이다. 터널 벽에는 인류의 진화를 촉발시킨 강력한 기후 변화와 환경, 그리고 아홉 종의 초기 인류 모습들이 하나씩 나타난다. 각 도입부에는 5종의 초기 인류 화석들이 있다. 각각 다른 크기와 모습들이다. 수백만 년에 걸친 인간의 얼굴과 두개골의 변화를 돈 보이게 해준다. 진화의 증거들도 함께 제시되어있다. 옆에는 초기 인류들이 영장목의 4부류인 나무두더지류, 날원숭이류, 플레시아다피스류, 영장류 중 어디에 속하는지를 보여주는 계통수가 있다.

호모 사피엔스와 침팬지는 98.8% 같아

인간은 영장류다. 영장류는 원원류, 안경원숭이, 원숭이, 유인원으로 분류된다. 인간은 유인원에 속한다. DNA 분석을 통해 과학자들은 현 인류인 호모 사피엔스가 다른 영장류 그룹인 원숭이들과 유전자적 특성이 매우 유사하다는 것을 밝혀냈다. 침팬지는 98.8%, 고릴라 98.4%, 오랑우탄 96.9%, 붉은털원숭이 93%다. 참고로 쥐는 85%, 닭 75%, 바나나도 60%의 유전자가 일치한다.

이들의 공통 조상인 아프리카 유인원들은 800만~600만 년 전에 살았고, 진화가 많이 진행된 곳도 아프리카다. 700만~200만 년 전 초기 인류 화석들은 모두 아프리카에서 발견됐다.

초기 인류가 이주를 시작한 것은 약 200만~180만 년 전이다. 그리고 150~100만 년 전에 유럽으로 들어갔다. 그들이 오스트랄라시아(호주와 그 일

인류의 기원 전시실 입구

대 섬)에 들어간 것은 약 6만 년 전, 아메리카대륙으로 이동한 것은 3만 년 전이다. 농업의 시작과 첫 문명의 발생은 1만 2000년 전이다.

과학적으로 '인간'이란 어떤 존재인가? 과학자들은 여러 가지 신체적 특징과 행동들을 근거로 '인간'을 정의한다. 인간의 특징과 행동들은 갑자기 진화한 것이 아니다. 수백만 년이 걸렸다. 직립보행, 도구 사용, 신체의 진화, 더 큰 뇌, 사회적 네트워크의 개발, 상징과 언어의 창조 등 진화의 주요 이정표들이 알기 쉽게 표현되어있다.

과학자의 눈으로 화석 보는 법을 배우다

스미스소니언박물관의 '인류의 기원' 전시의 좋은 점은 관람객이 과학자의 눈으로 화석들을 보는 법을 배우도록 한 것이다.

예를 들면, 1974년 아프리카 에티오피아에서 발견된 화석 '루시'는 나무를 꽉 잡기 위해 넓적다리뼈들의 각도가 무릎 관절 바깥쪽으로 향해 있으면서 손가락은 길고 휘어져있다. 또 효과적으로 걷기 위해 무릎은 몸의 중간 바로 아래에 놓여있다. 이 원숭이 같고 사람 같은 특징들은 초기 인류가 약 400만 년 전부터 진화해 직립보행으로 이행하는 것을 말해준다.

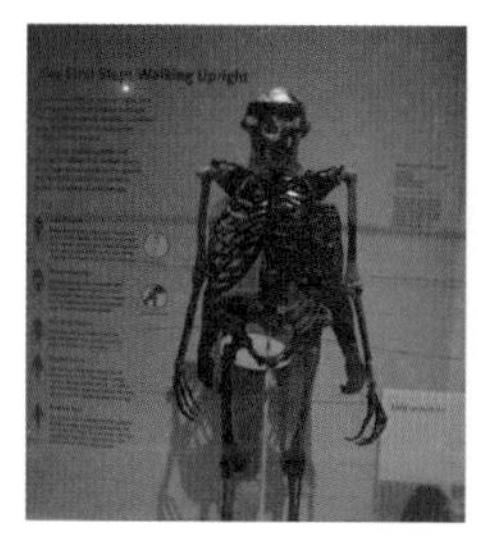

직립보행의 근거(좌). 고생물학 아티스트 존 거시가 재현해낸 오스트랄로피테쿠스 아파렌시스 '루시'의 모습(우).

루시의 종족들인 오스트랄로피테쿠스 아파렌시스는 나무에 오르고 걷는 능력을 가지고 주변의 다양한 재료들을 도구로 사용했다. 또 탄자니아에서 발견된 27m 길이의 화석에는 두세 종류의 유인원들의 발자국 69개가 있다. 그중 오스트랄로피테쿠스 아파렌시스의 엄지발가락만 크고 길다. 나무에 오르기 위해서다. 다른 종류는 차이가 없다. 그들은 우리 현생 인류 역사의 네 배인 90만 년 이상을 생존했다.

호모 에렉투스와 호모 네안데르탈렌시스의 화석도 마찬가지다. 몸체의 형상과 크기 변화가 특징이다. 케냐에서 발견된 11~12세 된 남자아이의 호모 에렉투스 화석은 키가 160cm에 길고 홀쭉한 몸과 긴 다리를 가졌다. 이것은 덥고 건조한 아프리카에서 살아가기에 적당하다. 유럽의 호모 네안데르탈렌시스 성인 화석은 키가 작고 몸이 뚱뚱하다. 이것은 열을 유지하기에 적합해서 유럽의 빙하기와 추운 겨울을 나기에 알맞은 체형이다.

현 인류, 피부색·외모 달라도 DNA 차이는 0.1%뿐

주요 화석 발굴 현장도 재현되어있다. 180만 년 전 살았던 표범 이빨에 찔린 두개골이 1948년 남아프리카공화국 동굴에서 발굴되었는데, 이것이 고스란히 재현되어있다. 특히 관람객이 화석 샘플을 직접 만지면서 각 화석의 중요성을 체험할 수 있고, 내레이션과 저속촬영 동영상이 분위기를 연출한다.

케냐에서 발굴된 코끼리 사냥 화석은 100만 년 전 이미 인간이 협업을 하고 도구도 사용했음을 보여준다. 또 이라크의 샤니다르 동굴에서 발굴된 6만 5000년 전 네안데르탈인 무덤은 배열된 꽃과 나뭇가지들이 당시에 장례의식이

인류의 조상 계통도

있었음을 알려준다.

전시장 중앙의 진화를 보여주는 전시장 중앙의 두개골 전시의 하이라이트는 700~600만 년 된 사헬란트로푸스 차덴시스, 큰 이빨 때문에 '호두까기 맨'이라는 별명을 가진 파란트로푸스 보이세이, 250만 년 된 오스트랄로피테쿠스 아프리카누스 화석 등이다. 인류 조상의 화석은 지금까지 약 6000여 개가 발굴되었다. 홀 중앙에는 고생물학 아티스트 존 거시(John Gurche)가 실감나게 완성한 8종의 인류 조상들의 얼굴들이 전시돼있다. 20년의 경험과 전문성을 가지고 2년 반 동안의 작업 끝에 완성한 작품들이다. 그는 이 전시를 위해 오스트랄로피테쿠스 아파렌시스인 '루시'의 전신 모습도 재현해냈다. 그밖에 이 전시실에 있는 5개의 인류조상들의 청동 조각상들도 그의 작품들이다.

현생 인류 호모 사피엔스는 20만 년 전부터 동부 아프리카에서 지구 전역으로 확산되었다. 지구촌 곳곳에서 발견되는 같은 종류의 화석들이 그 증거다. 환경에 적응하면서 신체적·문화적 차이들이 나타난다.

그러나 중요한 것은 크기나 형상, 피부, 눈의 차이에도 불구하고 모든 현대 인류들은 DNA 상으로 너무나 일치한다는 점이다. 단지 0.1%만이 다를 뿐이다.

세상을 바꾼

과학 이야기

지은이 | 권기균

출력 · 인쇄 | 금강인쇄

개정2판 1쇄 | 2021년 8월 25일
개정2판 2쇄 | 2021년 10월 15일

펴낸이 | 이진희
펴낸곳 | (주)리스컴

주소 | 서울시 강남구 밤고개로 1길 10, 수서현대벤처빌 1427호
전화번호 | 대표번호 02-540-5192
영업부 02-540-5193
편집부 02-544-5933 / 544-5944
FAX | 02-540-5194
등록번호 | 제2-3348

ISBN 979-11-5616-236-0 13500
책값은 뒤표지에 있습니다.